Simple Natural Style

Simple Natural Style

庭園・露臺・花臺・小栽盆植
打造輕園藝質感小日子

雜貨×植物の綠意角落設計BOOK

花草&雜貨交織，變身成與眾不同的時尚庭園。在此度過既充實又愉快的時光！

加入雜貨及小型家具等道具，
讓花草的布置擺設更具變化性。

何不試著以室內設計的方式
提昇庭園品味，
讓庭園充滿魅力呢？

讓庭園產生立體感的雜貨有各種款式。
除了利用座椅、梯子或箱子等雜
貨巧妙製造出高低層次，
也可以掛上提籃、空罐或鳥籠等物品。
如此一來，
不論多麼小的庭園
都能輕易加入時尚要素。

本書介紹的庭園都充滿
可供參考的布置巧思。
即使是一般生活用品或壞掉的物品，
甚至是變身花器後，重新再度利用的廚房用品，
都可充分享受融入庭園的樂趣，
利用滿載創意的擺設
讓庭園看起來與眾不同吧！

在注入感情的庭園，
一邊欣賞著花草的模樣，一邊澆水，
是最幸福的一刻。

讓花草更添迷人

雜貨布置巧思BOOK Contents

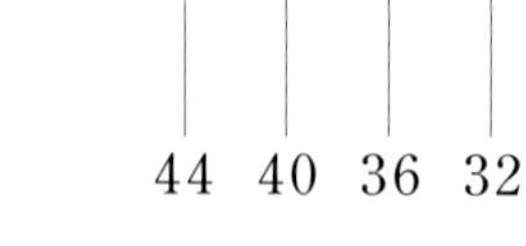

讓雜貨布置高手教你

以單品組合
增添時尚感的祕訣

在牆面裝上附有鏡子的窗型壁架，營造房間般的氣氛，也有延伸空間感的效果。用小型多肉植物或鐵絲將庭園裝飾得更為俏麗可愛吧！

請將焦點放在讓庭園看起來更可愛的雜貨擺設方式。以下介紹能充分體驗將自我風格與花草結合的布置樂趣，並充滿讓人想要仿效的擺設技巧喔！

在桌子後方放置有高度的木箱，作出立體的展示空間。用古老的藥罐作為花盆套，將「黑法師」及「垂枝牽牛花」等花卉並排，呈現具有動感的角落。

中島小姐是因為能以雜貨感裝飾多肉植物而開始愛上園藝。由於庭園的日照不夠充足，因此不種在土裡而是以方便管理的盆栽為主。

「想把多肉植物與雜貨布置得很可愛，所以一點一點地創造出可展示的空間。」以白色為基底的清爽空間裡，活用廢棄的雜貨、花器與植物增添色彩。除了空罐之外，以錫製、琺瑯材質的雜貨及在懷舊用品店裡找到的生活器具當成花器，讓人享受充滿豐富變化的展示樂趣。

不只著重花器的選擇，在營造植物的擺設位置上，也下了不少功夫。植物不僅可以放置於小椅子或木架上，也能吊掛於圍欄等處，活用花盆架及牆面就可創造富變化性的景觀。

有限的空間則以手作、重新裝飾或創意使用等方式改造，只要多花一些心思，就能使空間更具原創魅力。

木地板及柵欄都是主人自製。漆上白色油漆後，成為能襯托植物的清爽背景，再放上骨董風格的鐵製桌椅組，立即建構出一個優雅的空間。

Case.1

利用加工雜貨×多肉植物，創造雜貨店般的歡樂庭園

埼玉縣／中島敦子

Coordinate idea

以適合多肉植物的空罐當作花器

活用以空罐代替花器的手法，就能提昇懷舊的氛圍，非常適合多肉植物或香草等樸素的植物。

為了讓植物顯得栩栩如生，使用鐵絲製成吊掛式花器

右／只要裝上鐵絲，即使有高度之處也可以盡情裝飾。賦予多肉更多奔放的枝葉、生動的形象。左／讓綠之鈴枝葉自然垂落增加變化。

花點巧思讓空罐也成為亮點

以擁有繽紛色調及具設計感的進口罐頭當作花器，光是擺著就宛如一幅畫。編上紙藤，再多加一些變化吧！

即使在架子內也要以高低差呈現豐富的層次感。靠近手邊的位置擺上小盆栽，背後則放置較有高度的綠色植物，營造立體感與空間深度。

彷彿雜貨店櫥窗般排列的小小植物們。最大的魅力在於多肉植物搭配蛋殼或琺瑯容器等生活小物，增添不少獨特風味。

集合小巧的植物作裝飾，呈現特殊風格樣貌

漆成奶油藍色的長椅，先以茶色的油漆作仿舊加工，並以鋁製的水桶和澆花器作為花盆，完成與復古木椅呈現一體感的擺設。

用來替代盆栽架的是廢棄再利用的迷你桌子，黃色的腳架與藍色的罐子都具有畫龍點睛的效果。桌下看似隨意的擺設，卻能使畫面顯得更為自然融洽。

漆成白色的木頭地板搭配仿舊學校椅及鐵製雜貨，
呈現甜美×懷舊風格完美結合。

骨董門牌適合作為花盆背景，與褪色的琺瑯及鐵製籃子相結合，營造懷舊的角落。

在庭園與木頭地板形成的空間裡設置兼具架子作用的柵欄。在木地板側，為了享受展示的樂趣而安裝層架。

Coordinate idea

利用椅子製造高度

迷你道具及兒童椅常見於小盆栽的擺設上。
作出高度層次，除了增添景色變化的豐富性之外，
也有聚集視線的效果喔！

加入藍色籃子，以復古印象作為整體特色

漆成仿古風格的椅子搭配藍色鐵絲編織成的籃子，展現充滿個性的畫面。其最大的魅力在於日照不足的地方也能確實照到陽光。

以白色木椅替代花架的方式，適用於各種角落

在小木椅的座面搭配頗具分量的迷你玫瑰，椅腳則放置綠色植物，高低差距的平衡適合每個角落。

以多肉X字板打造具故事性的一景

舊的學校椅上放置由陶製、鐵絲、古早用品等性質迴異的素材當作花器所種植的多肉植物，使「JUNK」的字板有導引主題的功能。

展示古老農具的小屋入口處。屋簷垂掛的花葉地錦與葡萄特別誘人，加深畫面的鮮活感。

Case.2

隨處放置錫製雜貨增添風味

三重縣／田中亘

田中先生以打造新家為契機，開始專注於正統庭園造景。在主屋隔壁搭建古老歐洲鄉村風格的小屋，以周邊及主屋前的花園為主，擬定種植計畫，希望打造一整年都具觀賞性的庭園。因為考慮到開花期，在重點處布置了別出心裁的主題區域，而開花較少的季節，則以雜貨擺飾為主要視覺考量。

所使用的雜貨以錫製物及古老木箱等，能感受歲月痕跡的物品為主。透過銀色搭配藍色、紅棕色搭配黃色等，較沉穩的色彩以點綴的方式加入顏色完全不同的植物，就是田中式的裝飾法。另外，在盆栽背後加上畫框，讓它看起來彷彿一幅畫，種種設計巧思就是這座庭園的魅力所在。這座擁有各種風貌的庭園，是家人及朋友最佳休憩場所。

配合窗戶的高度，活用古老縫紉機檯或向上堆疊的木箱當作展示架。明亮的黃色與頗具意趣的小屋氛圍十分相稱。

在桌面放置直立的老木箱當作層架。展示的雜貨上攀爬著綠色植物，顯露活躍的生命力。

Coordinate idea

隨處放置錫製雜貨增添風味

與頗具風情的小屋很相配的錫製雜貨出現在庭園各個角落。當成水盆即可營造具清涼感的景色，舊物的質感與多肉植物也十分相得益彰。

以澆花器取代花盆，替花園增加亮點

以鋁製澆花器取代花盆，種植多肉植物，放置在磚頭堆疊的檯子上，自然而然地成為花園的亮點。

被綠色所覆蓋的汲水處，融入古老水盆

被植物覆蓋的汲水處放置簡樸的水盆，表現懷舊氛圍。連腳下紅磚道的細縫間也映襯得綠意盎然，增加庭園的整體感。

在汲水處放上適合的水盆，構成涼爽的畫面

放置於繡球花葉陰影處的是盛滿水的鋁製水盆。除了飄浮於水面上的鳳眼藍等水生植物之外，暢游其中的魚讓此處變成沉澱心靈的角落。

被藤蔓纏繞的鋁製盆栽，形成翠綠景致

種著多肉植物的鋁製花器，被綠葉白斑的蔓長春花所纏繞。由於綠色分量加重，令人印象更加深刻。

在底部或側面堆疊網狀的木箱，作出展示空間。不論是鋁製的盆栽或骨董雜貨的字牌，都與主屋牆壁清爽的水藍色非常相稱。

放置於琺瑯容器內的是宛如真品的球根形蠟燭。光是放入一個紫紅色的蠟燭就足以增強視覺效果。

將多肉植物種植於麻繩球中，並排放於木箱內，以麻×木的質感增添不少自然的氛圍。

使用質感明亮的素材
建構如畫的景致

將多肉植物種植於小花盆內，並使用鐵絲籃加以收納。只要統一花器的顏色及形狀，就算花朵的品種不同也能漂亮地呈現整體感。

將植物種植於鋁製澆花器及花盆內，並將相框立於背後，牆壁頓時成為背景一角，一幅立體畫作活靈活現。

將古老的木製梯子直立放置，作為展示架使用。除了放上種植多肉植物的陶製花器之外，以垂枝的藤蔓植物裝飾更可增添生動感。

使用古老的木箱及梯子擺放盆栽與廢棄的雜貨。白色與紫色的花卉跟牆壁的水藍色十分相稱，化為明信片般的一景。

讓玫瑰Okurahoma的枝葉自由地攀爬於白色木板牆，塑造生動的視覺效果，並在下方擺放木箱堆疊成的木架，將盆栽井然有序地擺列展示。

以老舊梯子、水壺架及柵欄裝飾的木板牆。調合花器及雜貨的顏色以襯托花草亮麗的色彩。

將老舊質感的梯子當作展示架。除了可在踏板放置盆栽製造出高低層次外，以掛勾懸吊盆栽也能呈現熱鬧的氣氛。

Case.3

裝飾木頭地板四周的牆面，布置宛如室內般的庭園

福岡縣／山下洋一

山下家的綠色庭園以典雅配色的植物為培育重點。在庭園深處有從餐廳延伸出的木地板，作為庭園與家之間的橋樑，並以各種盆栽與庭園工具點綴得綠意盎然。

旁邊圍繞著木頭地板的白色圍欄也可精心布置，簡單的白色牆面就是最好的畫布，除了讓植物的綠與雜貨的配色更加突出，也可降低壓迫感。安裝在牆面的架子及畫框掛上盆栽和骨董雜貨，彷彿布置出另一個房間。此外，還利用橄欖樹及當季盆栽花卉營造整體性，木地板中央則放置桌椅組，作為可供歇息的空間。

不在乎外界的觀點，盡情發展園藝。嘗試各種呈現方式，展現出獨具個性又富立體感，且充滿華麗氛圍的庭園。

「最喜歡從這裡觀看庭園風景。」山下先生如此表示。被喜愛的植物包圍所度過的時光，是最棒的療癒時間。

宛如室內般的牆面

Coordinate idea

白色牆面是最好的展示空間。若以附有掛鉤的壁架、花盆及相框等物品布置，就能呈現室內般的氛圍。考量雜貨的顏色及數量，讓視覺空間更為融洽。

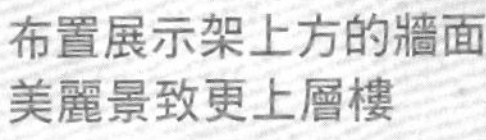

布置展示架上方的牆面 美麗景致更上層樓

在展示架上方的壁面裝上壁架，懸掛骨董風味的花盆及籃子。統一花盆及雜貨的材質，打造具一致性的空間。

擺放垂枝植物，讓牆面呈現生動色彩

懸吊花器搭配垂枝植物。隨著枝葉產生的動感，讓簡單的牆面呈現熱鬧的氣氛。

掛上裝飾性的相框，營造宛如畫中的場景

配合掛在牆壁上的畫框，利用鋁製水桶及水壺作成懸掛式盆栽。以畫框呈現整體感，成為令人難以忘懷的一景。

Case.4

活用高低層次，呈現充滿設計感的陳列

神奈川縣／真海眞弓

真海小姐原本的興趣是室內裝潢。現在則把喜歡的骨董及二手雜貨放入公寓陽臺，享受布置房間般擺設庭園及隨時更換造型的樂趣。雖然在狹小的空間放置許多盆栽與雜貨，但是每個盆栽都一目瞭然，具有可看性是其最大的魅力。訣竅就在於利用具高度的手作展示架及安裝於圍欄上的架子，以活用高度的方式來作呈現。不使用地板空間增加裝飾，改以吊掛雜貨及垂枝植物增加生動感的手法非常成功。此外，在地上鋪滿紅磚，自行油漆展示架及椅子，靠著這些技巧，以自然氛圍統一庭園整體特色。在加入手工的同時，製作可襯托植物與雜貨組合的背景，完成充滿自我風格、獨具魅力的空間。

將室內椅塗白活用於庭園展示上。熨斗型花盆及水壺花器與自然風格的展示架完美搭配。

Coordinate idea

以木箱及展示架作出高低層次

除了以木箱作出高度，也可以透過在圍欄上裝設壁架等手法，以高低層次變化呈現豐富的景致。有效運用空間作出展示場所。

安裝框格，以木框作出空間變化

格子狀的框格沒有壓迫感，即使裝在狹窄的陽臺也不會阻擋陽光，非常適合狹小的空間。亦可將裝飾牌等雜貨吊掛在木框上，作出立體感的裝飾。

在展示區裝飾當季花卉

客廳正面是裝飾當季花卉的區域。 除了以木箱堆疊出高度之外， 在圍欄上裝上掛架， 並以字牌及花器加以裝飾。

立起木板隱藏底部

以鋁製湯杓當作花盆，製作吊掛盆栽，並將木板立於底部。活用上下空間可增加立體感。

在毫無生氣的水泥地上鋪上紅磚改變形象。溫暖的質感提昇自然度。

利用設置圍欄及格型架遮蓋不美觀的水泥牆，與雜貨互相映襯，更顯自然風情。

利用直角托架在木板上安裝壁架以增加裝飾空間。獨特的火柴盒收納箱搭配多肉植物，完成分量豐碩的複合式盆栽。

利用從家飾店購買的木板，以DIY的方式作成壁架固定於牆上。不僅可活用垂直空間作展示，也可遮蔽不美觀的牆面。

鋁罐及鐵絲等雜貨經過風吹雨淋會自然鏽化，搭配樸素的植物就能打造值得玩味的一隅。

Case.5

以白玫瑰搭配骨董雜貨，營造清爽法國風庭園

千葉縣／岡本恵子

岡本小姐因為丈夫工作之故，在法國生活約十年。從當地人身上學會「即使生活在都市中，也絕不能缺少綠色植物，以及如何讓生活空間充滿豐富色彩。」

回國後，她打造出記憶中的法國景色，庭園以白色玫瑰作為主角。庭園深綠色的外牆被盛開的玫瑰所包覆，瑰麗的景色讓人目不轉睛。

為了配合玫瑰，從材料到家具幾乎統一使用白色，營造清爽感。塗白的框格不只用來遮蔽，更是襯托強弱配色的法製雜貨最佳背景，與甜美的玫瑰氛圍也非常匹配。為了讓每個角落看起來都別具特色，花費不少功夫。搭配桌子、椅子及拱門等能呈現出立體感的小物，打造出令人目不暇給的庭園。

為了遮蓋氣窗而安裝的框格，上面的吊掛盆栽極具法國風情，下方的籃子及畫有玫瑰的水壺則讓人有種溫暖的感受。

想要在茂盛的玫瑰「Summer Snow」背後作為視線終點，於是以馬口鐵製的椅子替代花架。由於利用作出視覺重點的方式引導視線方向，所以可以產生內部寬敞的錯覺。

右／為了襯托最愛的白玫瑰而選擇深綠色外牆。漆成白色的手作圍籬，以法式風情作為主軸。沿著牆壁攀爬的鐵線蓮給人深刻的印象。
左／為了讓庭園呈現一致感，在繡球花（Annabelle）盆栽後隱藏紅色提籃。綠珠草鮮明的葉色相當引人注目。

被白色玫瑰纏繞的是經過風雨侵蝕後，自然鏽化的籠子所作成的吊掛盆栽。搭配蠟燭以增添優雅氣息。

骨董琺瑯牛奶壺及茶罐是住在法國時購買的雜貨。在小小的水壺內栽種植物增添柔和色彩。

以白色鐵製雜貨凸顯植物惹人憐愛之處

加入白色鐵製品既可凸顯植物纖細的樣貌，擁有適度的存在感，又不會太過強烈，非常適合各種植物。

Coordinate idea

利用掛架輕鬆地繽紛壁面

將華麗的掛架懸掛在拱門側面，搭配纏繞著拱門的白色玫瑰，再放入素馨葉白英的小盆栽增加綺麗感。

以白色統一花檯&花盆套及花色

螺旋狀設計的花檯上，不論是花盆套或插在水壺裡的花插都使用白色鐵製品。統一使用白色創造出富有整體性的空間。

以簡單的方尖碑襯托花草的純樸

搭配粉紅色玫瑰的是幾乎沒有裝飾的方尖碑，以簡單清爽的模樣襯托下方草葉的分量及植物的動態感。

右／刻意以高度不一的木板作成宛如波浪般的圍籬。空間的韻律感油然而生，完成饒富趣味的背景。　左／在延伸出的玫瑰花莖上，懸掛以鐵絲捲成盆狀容器的吊掛盆栽。搭配多肉植物的小分株，成為可愛的焦點。

Coordinate idea

Case.6

以低彩度雜貨打造時尚氛圍

神奈川縣／T

以豐富的創意及DIY技巧，T氏將位於公寓最上層的頂樓陽臺改造成可地植的庭園。除了以沉靜的藍灰色圍籬圍成L型之外，並以彷彿石子地般的同色系磁磚鋪在地上，為原本無趣的陽臺帶來成熟風情。

為了呼應顏色沉靜的圍籬背景，雜貨也特意選擇低彩度的款式。仿古的花器、素瓷小盆及已經生鏽的鐵牌等，以頗具風味的雜貨完成閒靜的一隅。磚塊堆疊成的花壇及設有假水龍頭的汲水區等等，充滿創意的角落布置極具可看性。在這座用感情親手打造的庭園內，植物們枝葉相當繁盛。

植物將壁面裝飾得活潑熱鬧

將顏色沉穩的圍籬作為背景，在牆壁釘上木製壁架及鐵絲籃，打造風情萬種的展示場所。以老舊質感統一雜貨及壁架風格，構築和諧的空間。

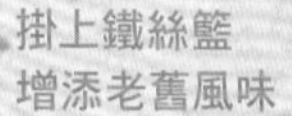

以高低不一的壁架裝飾牆面

在圍籬 DIY 裝上木架，以高低不一的手法賦予律動感。在高處的架子上放置開有粉紅色花朵的頭花蓼作為畫面亮點。

掛上鐵絲籃增添老舊風味

在牆面掛上充滿鏽蝕感的鐵絲籃，以裝飾盆栽。生鏽的質感與深色花盆非常相襯，營造成熟風格。

搭配垂枝植物打造具動感的牆面

在木架放上廢棄的鐵絲提燈跟罐子，再搭配垂枝植物。空間內的生動感油然而生，於牆面營造歡樂的景象。

在大型花盆下，將薰衣草等植物以適合草地風情的方式種植，構築地植般的庭園，並融入深色雜貨，給人成熟印象。

上／在破掉的素瓷花盆內植入會不斷蔓延的長壽花及百里香。　下／為了不要讓木箱過於高調而搭配會垂掛枝葉的植物。混合栽種紫紅色或帶有斑紋的彩色葉子，賦予盆栽多種樣貌。

被漆成黃色，彷彿風化般的花盆傾倒於地上成為一大特點。顏色鮮豔的物品以仿舊風處理後立刻就能融入周圍環境。

放置於地上的雜貨隨意擺放展現優雅品味

立起假的水龍頭再搭配琺瑯的水槽營造自然韻味，周圍以薰衣草及飛蓬圍繞，完成洋溢野趣的一景。

利用瓦片材質的歡迎看板遮住花盆，與磚頭堆疊成的花壇區呈現一致性。

以鐵絲網圍繞的箱子當作展示櫃。除了在箱內放入盆栽之外，箱子上方也放入裝有盆栽的鐵絲提籃。

以值得玩味的雜貨布置，提昇整體氣氛

右／庭園後的區塊是生活空間。在庭園之間設置鐵製閘門，自然地區隔空間。　中／將饒富趣味的梯子當作展示架。除了將擺放的花盆以復古風加工之外，也放上骨董風的磚頭。　左／在混合栽種的盆栽背後放置破舊的灰色箱子，更能凸顯出多肉植物綠之鈴及長壽花美麗的輪廓。

Case.7

以 DIY 方式將空間使用到極限的陽臺花園

東京都／F

居住於東京近郊Bayarea公寓的F氏擁有二十年的陽臺庭園改造資歷。他充分發揮DIY功力，將狹窄的陽臺空間改造成自然景觀庭園。

其中最能充分展現品味之處在於牆面上的DIY展示架。在屋側的牆面及與隔壁房屋的間隔設置白色牆板，覆蓋住毫無生氣的水泥牆營造自然氛圍。除了在牆面安裝架子展示精挑細選的多肉植物之外，也掛上鐵製掛勾及雜貨，豐富視覺效果。另搭起小小的棚架與拱門，在留意整體性的同時懸掛垂吊式盆栽。有效的運用有限空間，增加展示場所。

F氏表示最近會與女兒一起動手享受園藝之趣。將空間利用到最大極限的「展示庭園」似乎越來越有魅力喔！

壁板由兒子架設，F氏負責動手粉刷。以爬藤玫瑰及垂枝植物纏繞著壁板及立式柵欄的方式，創造出一體感。

Coordinate idea

以吊掛方式有效的運用空間

在陽臺這類狹窄的空間裡，吊掛的雜貨可有效吸引注意力。在自然的棚架等處，可懸掛種植於生鏽質感雜貨中的療癒性香草。

以餵鳥器畫龍點睛

餵鳥器吊掛在陽臺中央的拱門。生鏽並具存在感的雜貨最適合用來作為自然庭園的主視覺。

懸掛分量十足的薄荷使香氣四溢

在層架的圍欄掛上鐵絲提籃並放入薄荷苗。耐旱且喜好日照的香草可以在陽臺順利生長。

在鳥籠裡放入盆栽為高處增添色彩

在鳥籠內放入紫花野芝麻的盆栽，並使用鉤子懸掛。讓典雅的紫色花卉成為容易過於單調的高處視覺焦點。

DIY製作的牆板及壁架在上好漆後磨出刮痕，營造骨董風格。並將具有優雅風味的雜貨吊掛於牆面展示。

以架子營造高低層次，並以種植於各種花器的複合植栽加以裝飾。挑選既具老舊風情又具品味的花器和雜貨吧！

將階梯的每層踏板都放上多肉植物，裝飾得熱鬧非凡。使用小空間就能達到展示效果的樓梯最適合狹窄的陽臺。

創造高低層次，製造展示空間

在無趣的玻璃窗陽臺周圍設置曲線優雅的圍欄。讓爬藤玫瑰與鐵線蓮攀爬其中，打造自然景色。

吊掛在棚架的是購自骨董店的摩洛哥提燈。獨特的設計與厚重的質感在白色背景的襯托下更顯突出。

襯托花草之美
盆栽擺設與植物圖鑑

為了讓花草更具魅力，搭配的花器選擇十分重要。
本單元將介紹讓人想要仿效的擺設技巧及與雜貨互相襯托的植物。

活用葉子
是擺設的訣竅之一

綠色植物只要搭配雜貨，就能輕易完成宛如畫一般的場景，這也是最大的魅力所在。依照花草的形態與高度選擇適合的花器，完成具有絕佳平衡感的配置吧！

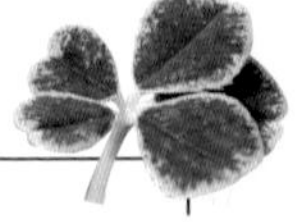

不只是盆栽
以庭園摘採的植物作插花裝飾也很棒喔！

彷彿廚房一隅般的擺飾。將庭園所摘的蕾絲花及薰衣草隨意插在牛奶壺內，作成富居家感的裝飾。

以大型花器享受野草姿態

隨著生長不斷向上、向側邊擴展的薄荷，種植於具有穩定性的大水盆內。小小的薄荷在粗獷的水盆內茂密生長，營造充滿野趣的氛圍。

以珊瑚草碩大的葉片
增加盆栽整體的分量感

存在感十足的珊瑚草替複合盆栽帶來分量感，深紫色給人優雅的感覺，並襯托出雪絨花的純白。

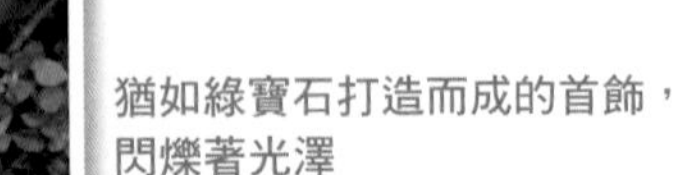

猶如綠寶石打造而成的首飾，
閃爍著光澤

讓鏡鈸花纖細的藤蔓恣意延展，自然地與周遭相結合。運用白色貨箱增加存在感的技巧也很令人推崇。

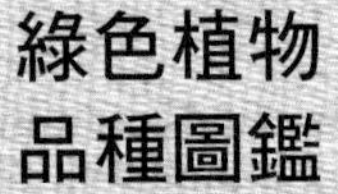

綠色植物
品種圖鑑

green

在此介紹葉形及顏色特殊的品種，也有整年都綠油油的品種。以及可輕易作出生動姿態的藤蔓植物。

黑葉香菫菜

菫菜科　多年生植物

葉片整年都維持茂密的型態，隨著天氣變冷黑色部分會跟著增加。花朵彷彿原生三色菫般惹人憐愛，適合種植於展現優雅風格的盆栽。生命力強韌，自然播種也能存活。

常春藤

五加科　多年生植物

強韌且容易種植的常綠藤蔓植物，不論是葉子的形狀或顏色種類都相當豐富。雖然在室內也能夠存活，但葉子有斑紋的品種一旦日照不足斑紋就會消失，請種植於明亮的地方吧！

蔓長春花

夾竹桃科　多年生植物

能開出紫色花朵的藤蔓植物，帶有斑紋葉子的品種給人涼爽的印象。由於茂盛的藤蔓會恣意生長，因此需要定期修剪雜亂處。

以淺色系整合色調
展現高雅風格

線條優雅的鳥籠搭配帶有斑紋的蔓長春花葉，以白色作為基調，帶給人優美的感受。

纏繞著與鏽蝕感
相稱的綠色植物

獨具風情的王冠形狀吊飾搭配常春藤，生鏽的質感更能襯托鮮明的綠色。延伸的藤蔓纏繞著吊飾，卻不致於過度茂盛。

纖細小葉
輝映骨董之趣

將鈕釦藤放入骨董提燈內，延伸的枝葉纏繞至鄰近的花器，復古風格立即湧現。

以具分量的植物與雜貨
帶給庭園變化

將長超過1m的釣鐘柳與帶有古銅色鈴鐺的花架放置於庭園中。以盆栽突出的高度豐富庭園景致。

利用鳥籠型的吊掛盆栽裝飾
空曠的牆面空間

設置鳥籠型吊掛盆栽，並以常春藤花器作裝飾，為縱向空間增添色彩。優雅地裝設於紅磚牆面上。

黃水枝
虎耳草科　多年生植物

葉子形狀宛如手掌且帶有褐色斑點，魅力在於春天時會開出粉紅色穗狀花朵。常綠且耐寒，害怕高溫潮濕的環境，因此夏季請種植於陰影處。

彩葉草
紫蘇科　一年生植物

粉紅色、紫色及黃綠色等色彩豐富的美麗一年生花草。以半日照的方式種植，葉子會呈現美麗的顏色。淺藍色花朵雖然也很美麗，但隨著花莖延伸，葉子會逐漸褪色。

小判草
禾本科　一年生草本植物

猶如稻子般線型的葉子十分茂盛，到秋天時會結出錢幣形狀的花穗，深秋時枯黃的姿態也別有一番風味。耐旱且不怕熱，從地植到盆植皆可廣泛運用。

三葉草
豆科　多年生植物

小小的三片葉十分可愛，適合以鋪設地毯般的方式種植花苗。有野生白三葉草的園藝品種、邊緣為綠色葉子為褐色等多種款式。種植時要特別注意夏季高溫。

以與藍色牆板相稱的鏽蝕感壁架作成充滿魅力的吊掛盆栽

在充滿鏽蝕感的壁架內種植薰衣草。以植物點綴鮮豔顏色的牆板，自然風格統一視覺。

將歐石楠種植於藤蔓編織的籃子內作成彷彿鳥巢般的複合植栽

以蠟燭及松果裝飾簡單編織的籃子，完成鳥巢般的展示檯。到了晚上，點上蠟燭，立刻變身成充滿幻想的空間。

以變葉植物為景色增添溫暖

將葉子變紅的花葉地錦放置於日照良好的架子上，為逐漸變冷的秋日帶來一陣溫暖的氣息。

以白鐵掛架仿製鳥巢

將曲線優雅的設計掛架包覆椰子纖維，作成鳥巢般的形狀，吊掛於庭園的樹上馬上成為吸引目光的焦點。

打造吊掛盆栽的分量組合非常重要

以過路黃襯托個性鮮明的黃黑色矮牽牛。明亮顏色的葉子可增添華麗的印象。

將浪漫的法式椅子當作花架使用

將心形設計的白色椅子當作花檯使用。種植於鐵絲籃內的三葉草營造充滿雅緻韻味的空間。

頭花蓼

蓼科　多年生植物

叢生的深綠色小葉片有著褐色V字形斑紋。在春秋兩季會開出宛如金平糖般的粉紅色小花。由於具有攀地性，適合種植於盆栽或用於覆蓋地面。

甘藍羽衣

十字花科　一年生植物

是冬季花壇及複合植栽不可或缺的植物，冬季時可欣賞其白色及紫色宛如花朵般的葉子。有花莖會延伸的特別形狀品種及柔軟的矮小品種等，種類十分豐富。

斑葉絡石

夾竹桃科　多年生植物

前端的新葉為淡粉紅色，漸漸會轉變為白色或綠色。若想要種出帶有美麗斑紋的葉子，需種植於日照良好的場所。成長緩慢，即使在室外也可度過冬天。

蛇莓

薔薇科　多年生植物

隨處可見，生長於日常的植物，帶有細小鋸齒狀的葉子隨處延伸。喜歡濕冷陰涼的環境，初夏時會開出黃色小花並結出與草莓相似的紅色小果實，非常可愛。

空罐再利用
作成獨特的花器

將標籤可愛的空罐底部打洞作成花器。若種植可以食用的植物，就成為非常適合廚房的綠色擺飾。

以水桶當作花器
營造復古風格

在鋁製水桶內種植垂枝植物，以老舊的質感與小型植物打造仿舊的一隅。

以花朵及帶有斑紋的葉子
呈現畫龍點睛的效果

在漆成黃綠色的鋁箱內種入黃水枝。在此建議葉子褐色的斑紋及向外擴張的花朵皆選擇同色系，以利成為盆栽重點。

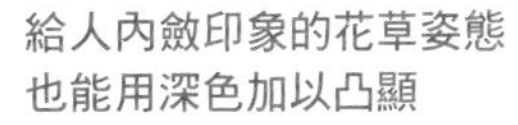

活用不同的花草姿態
營造值得玩味的生動感

將向上延伸與向下生長的植物擺在一起栽種，可以藉此玩賞植物不同的特性。若把花器設置於牆壁上，則可以垂枝作為點綴。

給人內斂印象的花草姿態
也能用深色加以凸顯

在明亮咖啡色的花器內單獨種植銅葉天竺葵。深色系可以為展示角落帶來視覺衝擊。

銀葉菊
菊科　多年生植物

表面長滿白色短毛的銀灰色葉子是其最大特徵。耐寒，與香菫菜及甘藍羽衣等冬季花草的搭配性高，是非常適合冬季的複合植栽。若細心摘掉花蕊就可以長時間觀賞美麗的葉片。

玉簪
百合科　多年生植物

蛋形的寬闊葉片，由植物中心向外擴張，無論是地植或盆植都很適合。葉片依據品種有不同大小與顏色，種類豐富。夏初會開出淡粉紅色或淡紫色花朵，分株種植也很容易存活。

團扇錢草
芹科　多年生植物

小小的圓形葉片宛如蕈類般，因此也被稱為水生蘑菇，是一種水生植物。只要注意濕度就可以種植於水面外，放置於室內，讓冬季也可以享受綠意盎然。

花葉地錦
葡萄科　落葉低木

是一種地錦植物，葉脈上的白色花紋非常美麗。秋天時葉子會變成鮮豔的咖啡色。茂盛生長的藤蔓跟地錦一樣很難吸附於牆壁上，必須架設支架。

與雜貨搭配性極佳的多肉盆飾

具有圓潤帶光澤的葉子與獨特姿態的多肉植物，搭配雜貨後魅力加倍。在布置狹小空間時特別能夠發揮效果。

在大中小型的空罐內種入不同品種的多肉植物，作成複合植栽

不論是多株的複合植栽或插入分株等，依照各種類的尺寸選擇花器，並以同性質素材作統整搭配。

把簡單的複合植栽融入日常雜貨內吸引眾人目光

將簡單的複合植栽植入淘汰的單柄鍋內。以個性物品取代花盆，成為引人注目的一隅。

當富有特色的鋁盆遇上垂枝的多肉植物

有具有高度的鋁製容器邊緣垂著紫月的枝葉，對應組合衍生出不一樣的風情。

以附蓋子的盒子表現彈跳的躍動感

以附蓋的空盒取代花盆，種植葉片尖端略帶紅色的青鎖龍屬「火祭」，更能展現翠綠植物的律動感。

多肉植物品種圖鑑

succulent

多肉植物獨特的姿態就以雜貨來點綴吧！特別要留意顏色及形狀的選擇。

愛之蔓

蘿藦科　常綠多年生植物

蔓延的藤蔓帶有心形葉片，葉片表面有經絡般的花紋，帶著溫暖的粉紅色。當日照充足、天氣暖和時，枝葉的伸展會更良好。

擬石蓮花屬「紐倫堡珍珠」

景天科　常綠多年生植物

閃耀著紫色的葉片上有白色粉末，邊緣較薄且略帶紅色。典雅的色調很受歡迎。天氣一旦變冷，葉片的顏色就會變深，一整年裡都可享受顏色變化的樂趣。

伽藍菜屬「仙人之舞」

景天科　常綠多年生植物

葉子正面是咖啡色，背面則是帶有銀色的綠色，表面包覆著絨布般的短毛。霧面的外表十分具有個性，在多肉複合植栽中經常成為重點。會開出鐘形的黃花。

以手作盆套
讓無趣的花盆
可愛度倍增

將簡單的空罐套上手作花盆套就能展現個性。手編盆套帶給人溫暖的感受，相當適合自然風搭配。

以三色長壽花
製作花圈

在自然風格的環形花器內種植三種長壽花相互搭配，再以鱗葉菊及椰子纖維增加野趣。

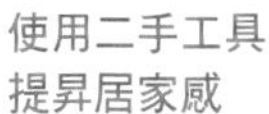

使用二手工具
提昇居家感

將骨董馬芬蛋糕模當作插枝用托盤。將不同品種的多肉、胡桃殼及椰子纖維相融合。

以鏽蝕感雜貨搭配
葉色明亮的多肉植物

鏽化成黃褐色的花盆及樸素的小物，搭配萊姆綠的長壽花或蓮花掌屬植物等色彩清爽的植物以增加亮度。

懸掛於牆面
更加凸顯充滿個性的花草姿態

在圍欄掛上盆架，放入垂枝長壽花。充滿動感的枝葉形狀模樣十分特別。

彷彿來到小人國
迷你模型的世界

在多肉製作的模型庭園內放入自製的小房子及物品。以小小的桌子為舞台，呈現戲劇性的迷你世界。

晃玉

大戟科　常綠多年生植物

沒有葉子，但有如仙人掌般球狀膨大的莖是最大特徵。有雄株與雌株之分，雌株有著小小不起眼的花朵。要注意當日照不足時無法維持形狀。

擬石蓮花屬「久米之舞」

景天科　常綠多年生植物

黃綠色及橘色漸層的美麗水滴狀葉片，邊緣帶著溫暖的紅色。當氣溫下降時，橘色會變深，飽滿的葉片帶有光澤。隨著生長，莖會變粗並延伸。

玉露

百合科　常綠多年生植物

葉子呈現前端尖銳且半透明狀的模樣。以放射狀向外擴張，可透光的水潤葉片是最大特徵。討厭日照強的地方，請栽種於明亮的陰影處。生長速度十分緩慢。

長壽花　萬年草

景天科　常綠多年生植物

帶著細密小葉的花莖在地上蔓延擴散，到了春天會開出無數朵白色或黃色的星型花朵。生命力強且繁殖力旺盛，很適合種植於墊腳石間的縫隙。

將相同高度的空罐並排呈現一致性

把容器掛於圍欄上，並將空罐排列展示其中。以相同款式的罐子為主軸，就算種植多樣品種的植物也不會給人繁雜的感受，能夠維持清爽的樣貌。

生鏽的水壺與多肉的配色非常相稱

斑白生鏽的鋁製吊掛水壺很適合顏色沉穩的虹之玉等多肉植物，以仿舊的氛圍完成時髦的角落。

不論多麼狹小的空間也能夠搭配，是多肉的最大魅力

不論多小的空間也能夠變得亮眼，並能輕鬆的布置，是多肉植物才擁有的特色。油漬沙丁魚的空罐裡只需種植幾株多肉，即可隨意的擺放。

將小小的葉片一口氣收進罐子內

把蜜蠟空罐當作容器使用。集合各種形狀的可愛小葉多肉，完成引人注目的複合植栽。

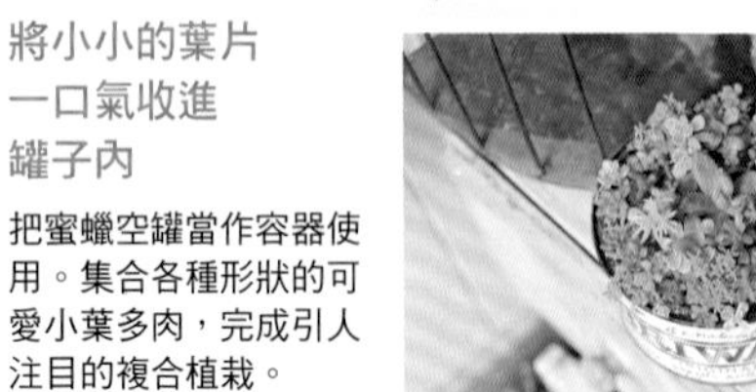

以種類豐富的雜貨與多肉植物布置成的角落

把手顯眼的麵粉篩、骨董熨斗、雞蛋包裝盒等，將多肉植物融入老舊風格的生活用品中，顯得非常可愛。

生鏽成褐色的罐子由上往下約略粉刷

還留有刷痕，以白漆隨意塗刷的空罐上垂掛著黃花新月的枝葉。重點在於能感受到掀開捲起的蓋子產生的動感。

長壽花「極光」
景天科　常綠多年生植物

擁有光澤，宛如泡泡般的短圓柱狀葉片十分討喜。一遇低溫葉片就容易變紅色，依照個體不同會有不一樣的變化。由於葉片容易掉落，需要特別留意。

Cotyledon 熊童子
景天科　常綠多年生植物

豐厚的葉片前端有鋸齒狀凸起，宛如小熊的腳掌，葉片整體都長有細毛。由於不耐高溫，夏季請移至陽光不直射的明亮處。

石蓮花「白牡丹」
景天科　常綠多年生植物

微尖的葉片前端帶有淡淡的粉紅色，以玫瑰形狀朝外生長。強韌且生長迅速，只需插入葉子就能夠繁殖。為了不讓枝葉雜亂生長，請給予充足日照。

筒葉月花
景天科　常綠多年生植物

筒狀葉片的前端像是被壓過般的扁平，其邊緣帶著紅色。由於姿態獨特，也被稱作「宇宙之木」。生長速度緩慢。

在橢圓容器種植
分量十足的
複合植栽

以Echeveria（景天科石蓮屬）等尖銳多肉植物為主的洗練風複合植栽。以帶有浮雕的橢圓形花器增添魅力吧！

印著LOGO的杯子
更加可愛

將色彩繽紛的多肉收進小小的杯子中，並放在層架上伸手可及之處。琺瑯材質的白色杯子更襯托出可愛的感覺。

可愛度第一名
鋁製水桶
×多肉植物

小小的鋁製水桶內各種品種的景天屬植物茂密生長，是懷舊風庭園不可或缺的必備組合。

以苔玉球作基底的吊掛盆栽
更顯魅力

將景天種入苔玉球內，並以鐵絲作成籃子懸掛於梯子上。搖曳的模樣大展魅力。

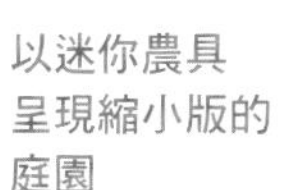

以迷你農具
呈現縮小版的
庭園

集結仙人掌等各式各樣品種的複合植栽，再放上迷你工具及單輪車，完成迷你庭園般的盆栽。

將開著花朵的
多肉植物
當作藝術品展示

伸長的花莖前端綻放顏色鮮豔花朵的Echeveria（景天科石蓮屬）。以形狀簡單的方形花器襯托花及葉的形狀，讓人印象更加深刻。

卷絹
景天科　常綠多年生植物

耐寒，即使冬天的戶外也能存活。因為繁殖力旺盛，可用新生的子株栽培。葉子背面微微呈現褐色，全株被一層薄薄的白色纖毛覆蓋是最大特色。

伽藍菜屬「白銀之舞」
景天科　常綠多年生植物

扁平且邊緣帶鋸齒狀的葉片十分美麗，因為帶有一層薄薄的白粉，讓植株呈現銀白色。春天時，會延伸出前端長有粉紅色小花的纖細花莖。

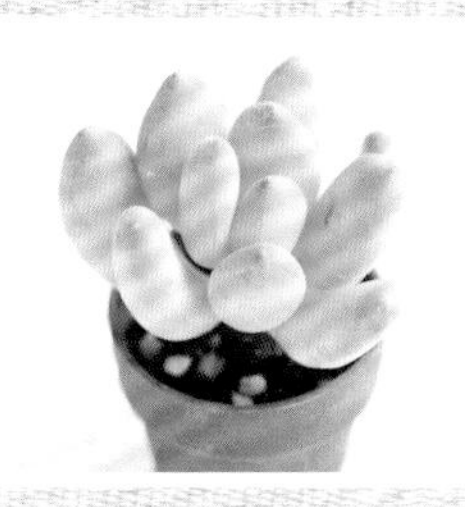

Pachyphytum「桃美人」
景天科　常綠多年生植物

膨起的圓潤葉片整體覆蓋著薄薄的白色粉末，周圍則微微呈現粉紅色。春天時，長長的花莖會開出深粉色的花朵。當日照不足或給予過多水分時，葉子就容易掉落。

蓮花掌屬「黑法師」
景天科　常綠多年生植物

枝的前端以輪狀方式長出深色葉子。冬天生長呈現綠色，夏天則是帶有光澤的紫色。最大特徵是其讓人難以忘懷、充滿個性的姿態。

增添華麗感的花色是角落造景的關鍵

盆栽會因為花朵的大小、顏色與草長的選擇而改變別人對它的印象。以快樂的心情製作花藝作品吧！盡情享受選擇品種搭配花器的樂趣。

以白與綠為主軸，
打造惹人憐愛的角落

在線條纖細的花園椅上，放置綻放著柔弱小花的瑪格麗特，營造法式情調。背景的葉子與白花呈現一致性。

以雕花為重點的花器
搭配顏色醒目的花卉

帶有雕花的石頭花器。雖然擺放於同色系的地磚上，但只要種上顏色鮮豔奪目的八重花瓣矮牽牛，立刻就凸顯存在感。

花器與花朵皆以白色為主調
打造白色浪漫庭園

以具有分量的白色花器種植雪絨花及銀葉菊等白色花草，打造純白庭園。地植小花也種植相同色調，形成視覺上的統一。

為了凸顯花色，以鐵製提籃作搭配，
流露成熟風情

為了讓主花藍眼菊的紫色花色更加醒目，周圍只種植草葉植物。地植的香堇菜也是同一色系，營造一體感。

觀花植物品種圖鑑

flower

在此特選可以當成複合植栽中亮點的可愛品種。同時可以享受到種植盆栽及採摘花朵裝飾室內的樂趣。

繁星花

茜草科　常綠矮灌木（相當於一年生草本植物）

花期為每年五月至十一月。許多星型小花叢聚在一處開花。花色有粉紅色、白色及紅色等，繁殖期間會不斷地開花，必須細心修剪。討厭濕氣重的環境，請注意通風。

萬鈴花

茄科　多年草本植物

花期為每年四月至十一月。夏季日照強，若能適度摘掉枯萎的花朵及施肥，就可以將開花期延長至秋天。由於很有分量，只要一株就十分亮眼。害怕悶熱潮濕的環境，因此種植於花槽內較佳。

雛菊

菊科　一年草本植物

花期為每年三月至五月。會開出纖細白花的原生種雛菊。在小小的杓狀葉片間一個又一個花蕊向上延伸。會因受到日照而開花，請種植於向陽處。強韌且自然播種也能繁殖。

藤蔓植物攀爬於窗格上，魅力度大增

生長時讓藤蔓盡可能延伸擴展的天竺葵。選擇木製的白色簡單樣式窗格，與柔弱的淡粉紅色花朵互相呼應。

加入雜貨表現複合植栽的個性

由顏色沉穩的香堇菜與黑沿階草深色的葉子組成的複合植栽，插入裝飾主題的生鏽皇冠形花插增加童趣。

以樸素的花器展示風格自然的小花

生長於野外的小麥桿菊，自然的姿態與質樸的素瓷花盆十分相稱，擺放於滿是自然風的角落吧！

要強調主角玫瑰，雜貨的用色是關鍵

為了凸顯淡色的玫瑰花，特別選用奶油色的花器。前方立起可愛的掛牌，為並排的花器帶來一致性。

廚房用品也可以當作花器使用

在瀝水盆內種入色彩繽紛的草葉及小花。不論是什麼雜貨，都能夠以巧妙的構思融入庭園中。

以明亮的白色牆壁凸顯花朵魅力

以清爽的白色牆壁為背景，盛開的矮牽牛與玫瑰。利用房屋牆壁打造能自然與花色相互映照的展示區。

飛蓬

菊科　多年生植物

花期為每年五月至六月。宛如小小菊花般的花朵不停綻放，花色會隨著持續綻放由白色轉為粉紅色，彷彿同時開出兩種顏色的花朵。強韌且自然播種也可以存活。

Sunbrittenia

馬鞭草科　一年生草本植物

花期為每年五月至十月。會開出許多株紅色或粉紅色的五瓣小花，是近年來花店常會出現的新品種。耐熱、強韌且花期長，能為庭園帶來繽紛色彩。

雞冠花

莧科　一年生草本植物

花期為每年七月至十月。特徵是擁有紅色、橘色及粉紅色的鮮豔花朵。由於耐日照，是夏季到秋季時重要的庭園資產。其中矮品種的羽毛雞冠花形狀很像蠟燭，十分可愛，適合種植於盆栽。

迷你玫瑰「Green Eyes」

薔薇科　落葉矮灌木

花期為每年五月至十一月。從春季到秋季會綻放許多小型花朵，依據季節和花期的時間花色會有奶油色、綠色、淡粉紅色的順序變化。強韌且容易維持花型，適合園藝新手。

在灰色鋁製容器內種植滿滿的淡色花朵

將用來收納用具的鋁箱替代花器，植入滿滿的藍星花，黯淡的銀色與花朵的水藍色很相配。

自然姿態的小小植物與二手雜貨是天生絕配

在老舊的鐵絲籃內裝上小水桶，種植彷彿自然播種的小小花草，營造充滿仿舊風格的角落。

以簡單的錫罐搭配香菫菜的小花

深色的香菫菜與綠色植物一起種植於打洞的錫罐中。極簡風的白色原木梯更能襯托花色。

有效的融入銀葉植物的銀綠色

以草葉植物作為統一的複合植栽，襯托迷你玫瑰的淡粉紅色。銀葉植物及雕花容器營造成熟風格。

將木箱當作花盆使用

種植於白色木箱內的鼠尾草，以穗狀花朵作為主軸，完成與木質純樸融合的簡單自然風格。

以自然庭園風角落為主題的複合植栽

彷彿直接擷取野花種植的自然風複合盆栽。將開著可愛粉紅色小花的白三葉草種入鐵絲與軟木塞所製成的籃子中。

藍眼菊
菊科　一年生草本植物

花期為每年三月至六月。與瑪格麗特相似的花朵，顏色有白色、黃色或橘色等。由於花期很長，就算省略摘除枯花的步驟也容易種植。由於比較怕冷，冬季時放置於屋內較為安心。

千日紅
莧科　一年生草本植物

花期為每年七月至十一月。就算非常炎熱的天氣，依然健康的生長分支，並會綻放可愛的球狀花朵。花色有紫紅色、白色、粉紅色、橘色等，就算烘乾也不會褪色，適合作成乾燥花。

香雪球
十字花科　多年（一年）生草本植物

花期為每年三月至六月、九月至十一月。帶有淡淡甜香的5mm左右小花，茂盛的覆蓋整棵植物，並以地毯般的方式生長擴散。相較之下較為耐寒，常用於冬季的複合植栽。

百日草
菊科　一年生草本植物

花期為每年七月至十月。名符其實，花期很長，是很耐熱的夏季代表花種。若摘下花朵就會繼續長出新的花，花瓣數量多為一瓣或八瓣，不論是色彩或尺寸都很豐富。

與鮮紅玫瑰相互輝映的
華麗裝飾品

具重量感的鐵製裝飾花架，搭配鮮紅的迷你玫瑰營造優雅氛圍。

以藤蔓植物編織的籃子
打造自然風庭園

宛如庭園中自然生長的迷你玫瑰，以天然材質製作的籃子種植，與庭園風景融為一體。

彷彿剛採收完花朵的
大花籃

將大分量的花朵種植於有輪子的花籃內，讓人立刻聯想到剛採收完庭園花朵的花籃，成為外國書籍內頁般頗富意趣的一景。

滿溢著花朵的推車
與野生風格庭園很相配

庭園裡放置的木製推車彷彿生長於花草中，盛開的洋甘菊自然而然地融入野生庭園。

以白色花籃為角落
增添華麗感

以藤製提籃搭配白色與綠色植物所完成的花籃，在木製長椅與牆壁組成的咖啡色系角落中，成為視覺重點。

配合季節，
連花器的材質也很講究

淡紫色八重花瓣矮牽牛與綠葉植物相結合的複合植栽，涼爽的麻布材質與夏天的花朵搭配性絕佳。

櫻草

報春花科　一年生或多年生草本植物

花期為每年十二月至四月。圓形的葉片成放射狀擴張，數朵花叢聚於中心生長。耐寒，即使在很少花朵綻放的冬天，也有紅、白、粉紅、紫、黃等鮮豔色彩的花朵盛開。

吊鐘花

柳葉菜科　落葉矮灌木

花期為每年四月至七月。魅力在於像耳環般搖曳的花朵，花色選擇性豐富。夏天請放置於陰涼處，冬天則需移動至不會結霜的室內。

香菫菜

菫科　一年生草本植物

花期為每年十二月至五月。很耐寒，為冬季花朵的代名詞。與三色菫相比，花朵較小且數量多，給人熱鬧的印象。品種豐富、花色齊全。

長春花

夾竹桃科　一年生草本植物

花期為每年七月至九月。原生種為熱帶的多年生草本植物，頗耐高溫，就算將生長過剩的部分修剪掉，只要溫度維持高溫狀態，到秋天為止還是會陸續開花。花色為白色、紫色、粉紅色等。

具有療效又迷人的 香草植物

香草洋溢著野趣的植物姿態，且擁有各式功效，很適合與可愛的花器及雜貨一起放置於庭園中。和蔬菜一起種植也可以作成可愛的造景。

可愛的香草與白色花架最相配

在白色花架上放置野生草莓作出高度，鐵絲纖細的形狀提昇了可愛度。

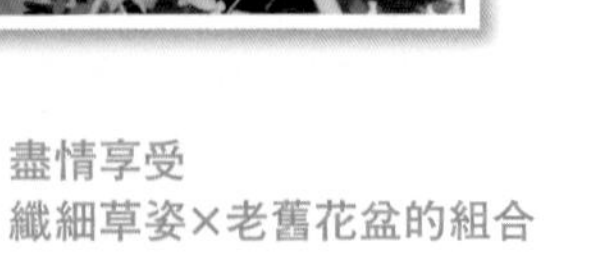

盡情享受 纖細草姿×老舊花盆的組合

將葉子輕飄飄的小茴香植入帶蓋的錫桶內。纖細的葉子與不造作素材的組合巧妙取得平衡。

以降低彩度的花器顏色當作平衡色彩的工具

薰衣草和奧勒岡的華麗色調，以漆成骨董色的素瓷花器作色彩上的收斂。

老舊質感的盆器能襯托出植物風采

種植於紅瓦盆內的是羅勒與義大利巴西里，以外觀剝落的盆器來襯托鮮綠的植物。在旁邊放置白色提燈增添明亮度。

香草植物品種圖鑑

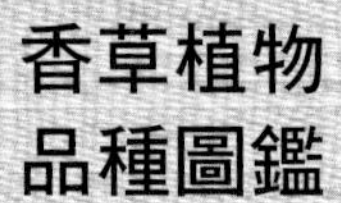

法國薰衣草

紫蘇科　常綠矮灌木

在薰衣草中是較為耐暑耐寒的強韌品種。花期為每年五月至七月，但若在全開前將花穗剪下，可防止水分過度蒸散，健康地度過炎熱的夏季。

莙薘菜

莧科　一年生草本植物

葉柄的顏色依據根莖有紅、黃、紫、橙等多種色彩。耐寒也不怕熱，可一整年種植。除可食用外，也可以當作觀賞用盆栽。

紫蘇

紫蘇科　一年生草本植物

初夏開始發芽，到了夏天陸續長出新葉的堅韌日本香草。綠葉品種多半使用於調味，顏色鮮豔的紅葉品種則推薦製作紫蘇果汁。

以茂盛的香草
為展示增添亮點

在架上整齊的陳列小花盆，並擺上頗具分量的鼠尾草與百里香作為裝飾重點。為序列添加變化，也提昇可看度。

廢棄的罐子
引導出植物魅力

生鏽的牛奶罐與鮮嫩的野草莓形成令人印象深刻的對比，並統整充滿復古氛圍的角落。

巧妙的搭配白色
營造明亮清爽的景緻

以清新風格為主軸，將生長茂盛的野草莓、白色花器及椅子結合。此外，放置在椅子上也容易拿取。

活用澆花器，
作成宛如去舊雜貨
般裝飾盆栽

種植翠綠芝麻菜的是稍微鏽化的澆花器。藉著使用獨特花器，讓庭園變得更加可愛。

黑色花器
醞釀沉靜氛圍

在黑色鋁盆內種植的是葉子閃耀著光澤的羅勒，雅緻的黑色為庭園增添成熟氛圍。

利用花園椅
打造角落風景

在鐵絲提籃內種植小番茄及萵苣，放在線條優美的花園椅上，就形成一幅極具魅力的景緻。

鴨兒芹

芹科　多年生植物

是日本原生種，較外來種相對強壯的香草植物，冬季時地面上的植物會消失，但到了春季會再冒出新芽。採收時要從根部留下5cm長度。施肥後又可以繼續種植，可以享受重複種植是最大的魅力。

迷迭香

紫蘇科　常綠矮灌木

強韌且易種殖，常用於肉類料理，且為香草鹽的代表性香草植物。十一月至五月會開出淡紫色花朵。有直立、攀地及介於兩種之間的品種，請依種植場合挑選。

桃金孃

桃金孃科　常綠矮灌木

每年五月至七月左右，輕柔的雄蕊會綻放可愛的白色花朵，花朵亦可食用，大片延伸的枝葉則會散發香氣。也有帶著斑紋的品種，可以為景緻增添明亮感。

山蘿蔔

芹科　一年生草本植物

纖細的葉子給人清涼的感受，夏季需種植於通風良好的涼爽環境。若放置於太陽不直射的明亮處，顏色與姿態都會變得柔軟。為了要讓生長時間延長，若開花需儘快摘除。

利用香草的葉色 打造生氣蓬勃的畫面

放入木箱的是著蓬菜等香草植物，以葉色鮮豔的植物搭配雜貨，可以呈現熱鬧的氣氛。

茂密的葉子與淺盆 很相配

淺鋁盆與茂盛的巴西里非常相稱，放在老舊木箱上，更添懷舊氣氛。

結合草葉植物， 享受植物搭配的美妙

將紫蘇與彩葉草一起種植。選擇葉子中央呈紫色的彩葉草，可達到葉色漸層的視覺享受。

以改造過的花器 搭配香草

種植薄荷的是噴字的罐子，姿態清爽的薄荷與存在感強烈的深色罐子相互映襯。

在顯眼處放置香草， 成為庭園焦點

將羅勒及山蘿蔔等香草放置在庭園桌上，成為庭園引人注目的中心。使用鐵絲或藤蔓的籃子，享受異素材搭配的樂趣。

紅花百里香

紫蘇科　多年生植物

爬地品種的百里香。春季時會開出粉紅色及白色的小花，全盛時期整株宛如粉紅色地毯。種植時需要特別注意夏季悶濕。

永久花

菊科　多年生植物

雖然不可食用，但只要觸碰到葉子就會散發咖哩般的香氣。每年七月至八月時綻放的黃色花朵，作成乾燥花也不會褪色，與銀灰色枝葉的對比非常有魅力。

薄荷

紫蘇科　多年生植物

容易栽培，新手也可以安心種植。種類很多，請依照喜歡的香味及用途作選擇。生命力強，會以壓倒別種植物的方式爬地擴散，需要時時修剪。

德國洋甘菊

菊科　一年生草本植物

在三月至五月時，像是縮小的瑪格麗特般綻放出小小花朵。適合製作花草茶，特徵是會散發宛如蘋果般的香氣。食用、觀賞皆宜。

搭配花苗，可愛度提昇

在樸素的素瓷花器內種植的是開著粉紅色花朵的蝦夷蔥，搭配紅色及黃色等顏色鮮豔的花朵，完成可愛組合。

以香草為主軸，
形成野趣滿點的
複合植栽

在小小陶器內種入羅勒和巴西里，作成複合植栽，營造饒富野趣的氛圍。

以老舊水桶
打造充滿歷史感
的景象

將薰衣草放入褪色的水桶內，隨意置於庭園小徑旁，就完成充滿故事感的一景。

把植物集合於木箱內
提昇存在感

將種植巴西里等植物的小盆栽集合在白色木箱中營造整體感，玻璃瓶也一併放入作為裝飾。

以牛奶罐和香草創造
圖畫般的景色

擁有存在感的古老牛奶罐內種植的是花色鮮豔的可愛金蓮花，下垂的枝葉呈現自然氛圍。

檸檬香蜂草

紫蘇科　多年生草本植物

散發檸檬般的清爽香氣，被廣泛用於花草茶、料理、入浴劑等。年輕的香蜂草香氣較強，建議三至四年就重新栽種一次。

金蓮花

金蓮花科　一年生草本植物

圓形的葉片與每年四月至七月、九月至十一月綻放的鮮豔花朵最適合為沙拉增添色彩。獨特的香氣據說可以用來驅趕芽蟲，常被當作共榮作物栽種。

蝦夷蔥

百合科　多年生草本植物

每年五月至七月會跟蔥一樣開出圓圓的可愛花朵，很適合用來觀賞。若是要食用葉片，花就必須在還是花苞時摘下，柔軟的葉子可以採收至秋季。

芸香

常綠矮灌木　芸香科

香氣獨特的葉子有預防蒼蠅的效果，雖然不能食用，但藍綠色的葉子與初夏時盛開的黃花觀賞價值頗高，幾乎不需要擔心病蟲害的問題。

Special case

讓森田老師來教你

雜貨×花草的最佳搭配術

庭園的印象會依據搭配植物的雜貨而有所不同。
活用植物的自然外貌，也加入自己獨特的巧思，森田老師將告訴你配置時的重點訣竅。

運用高度與設計不同的花盆架打造韻律感

放置腳踏車造型的鐵製花檯等充滿設計感的花盆架，木地板上的花器也賦予不同高度來展現立體。

Close up

以北歐小屋為主題，以純樸花草與復古雜貨打造鄉村風格庭園

森田老師理想中的庭園是沒有經過人工加工、呈現植物原始風貌的庭園。以家為分界，東邊是以花草為主題的茂盛花田，西邊則以芬蘭製小屋為中心，匯集了充滿野趣的盆栽。小屋周圍還用鄉村風雜貨加以點綴，歐洲鄉村氣息與花草質樸氛圍相結合。在此多是花盆、澆花器及提燈這些實用的物品，與展示用的琺瑯製工具並排陳列，盡情發揮個人特色。

除了活用小屋牆面，以雜貨裝飾之外，在家與小屋之間建造的木地板區域、小屋入口設置的紅磚階梯周圍等地方，利用環境架構可衍生出變化豐富的景致，與花草結合的雜貨則成為打造夢想庭園的關鍵。

手作木花架是放置喜愛盆栽的VIP席。符合視線高度位置的擺設方式，讓人不論何時都可以看到。

以具有花朵圖案的琺瑯壺等鄉村風雜貨增添明亮氣息，並將木箱直立放置當作展示背景。

將種植多肉植物的小盆栽數個集合至木箱中，營造一體感。再放入小小的玻璃瓶，給人輕鬆自在的意象。

鄉村風小屋與綠色直條紋帆布很匹配，放置於木頭地板上的桌椅組區域則成為舒適的空間。

Close up

裝飾於小屋牆面的紅色雜貨更加凸顯鄉村風格

以小屋牆面上的裝飾架展示雜貨，以提燈、房屋形吊飾、空罐等紅色雜貨營造歡樂氣氛。

種植素雅黑色矮牽牛的小花器，將亮麗的琺瑯製藍色盤子當作水盤使用。

Close up

整合鋁和鐵等素材，
打造具整體感的復古牆面

在小屋牆面的鐵架上，展示收納用的鋁製花盆。向日葵圖案的鐵製踏板被當作裝飾品，相當吸睛。

將小屋後面的空間
打造成展示收納處

將鋁製水盆、鏟子等工具懸掛收納於小屋牆面上。
需要使用時可立刻取下是其優點之一。

替代花盆的木箱放置在木椅上，歷經風雨後更添風味，與小屋側邊種植的玉簪花相互呼應。

正因為以質樸風格為主軸
鮮紅色雜貨才能發揮點綴效果

裝設於小屋前方牆面上放置物品的鐵架，放入紅色的收納罐及鏟子等雜貨，以鮮明的紅色創造讓人無法忽視的角落。

右／種植庭園重點色彩的紅色植物。紅色的瑪格麗特與雜貨的搭配性佳，營造成熟風格。春季到秋季的長開花期也是魅力之一。
左／木地板上的手作花檯也種植瑪格麗特，以紅色琺瑯水壺作為凝聚視覺的焦點。

森田老師所選擇的花器素材以鋁製、陶製、木製等為主，以適合鄉村風格的材質為主軸。複合植栽的重點是即使在同一個花器內，依照品種的不同也會有高低層次差別。

以前往小屋的連續階梯營造
提昇期待感的布局

以古老紅磚搭建小屋前的階梯。利用放置在兩側的花盆，自然創造出高低層次，可增加前往小屋道路的魅力。

Close up

在鐵絲架中放入椰絲代替花器使用，適合用來種植耐旱的多肉複合植栽。多費一些心思巧妙地替代花器，不僅充滿創意，也相當別緻。

附有鈴鐺的花插，在草長頗具高度、饒富野趣的植栽中有鮮明的存在感，不造作的配置瞬間提昇花壇的魅力。

庭園道路的枕木旁，以立牌及迷你柵欄增添熱鬧氣氛

在入口通道鋪上枕木的森田老師家。繽紛了庭園小路的不僅是花草，還加入立牌等裝飾，相當具有獨特性。

除了花色之外，加入花插增添花壇趣味性。上／彷彿在花壇中迷路的小鳥，逗趣的意象讓人十分喜愛。下／正統設計的花插與輕柔的白色金魚草以對比色系相互映襯。

在高處設置擺飾引導視線

在木製柵欄上設置餵鳥器，與在一旁盛開的鼠尾草相互映襯，給人深刻印象。

提昇庭園品味

角落&牆面的68種裝飾技巧

不論是多麼狹小的庭園，只要下功夫就能夠打造美麗的景觀。以室內設計風格將盒子、花架及桌子等品項完美結合。
首先就從牆面等角落開始，以聯想的方式設計想要的風格吧！

在玄關旁放置的骨董層架上，以種植綠色植物的容器或杯子等雜貨加以裝飾，享受鄉村風格的氛圍。

在骨董縫紉機上放置多肉植物及氣窗作為展示，創造清爽又歡樂的角落。

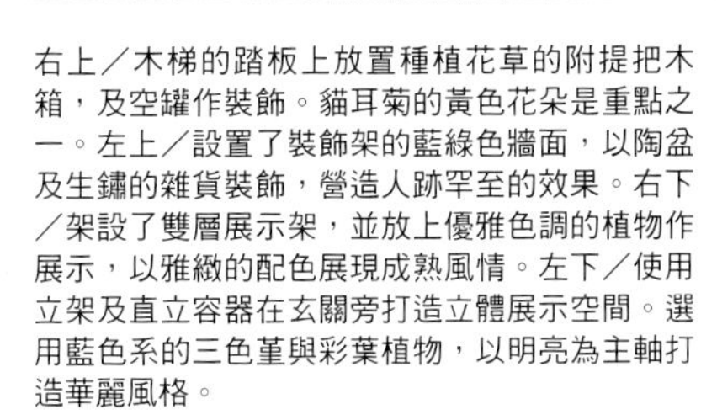

右上／木梯的踏板上放置種植花草的附提把木箱，及空罐作裝飾。貓耳菊的黃色花朵是重點之一。左上／設置了裝飾架的藍綠色牆面，以陶盆及生鏽的雜貨裝飾，營造人跡罕至的效果。右下／架設了雙層展示架，並放上優雅色調的植物作展示，以雅緻的配色展現成熟風情。左下／使用立架及直立容器在玄關旁打造立體展示空間。選用藍色系的三色堇與彩葉植物，以明亮為主軸打造華麗風格。

Part 1

微小的角落更要以雜貨增添氣氛

Part 2

把牆面當成畫布，使色彩更繽紛

Part 1

微小的角落
更要以雜貨增添氣氛

想要以雜貨完美裝飾，首先最重要的是製造空間。在小空間中要設置大型結構物件或家具很困難，因此使用架子或箱子來營造可以讓雜貨閃耀發光的空間吧！

Box

箱子最大的魅力
在於可彈性組合

用來盛裝高麗菜、馬鈴薯及根莖類的木箱子在庭園造景中很受歡迎。依照空間及裝飾物的大小選擇箱子數量或改變方向，取得協調後搭配組合。

以箱子跟花架製造高度，在木地板的一角打造清爽卻有立體感的空間，再搭配多肉植物及胡桃殼，營造自然氛圍。

右／玄關前以箱子與植物裝飾的迎賓區。以到手香與三葉草等綠色植物及迷你園藝工具增加可愛度。左／在箱子上直立重疊蔬菜箱當作迷你背景，同時襯托花朵的水嫩感。在上面擺放花盆，當作立架也很適合。

刷上白漆的箱子與原色箱子的搭配，以褐色×白色為主軸，收斂的配色加上綠色植物瞬間形成療癒的一角。

分別以鐵絲製及木製的異素材箱子互相搭配以提升分量，可用來襯托老舊雜貨及多肉植物。

堆疊三層木箱以遮蓋房屋外牆，除了植物之外，也放上復古的縫紉機，為場景加分。

將箱子堆疊在窗前當作花盆架使用。使用製造高低層次的手法擺放花盆，不但增加可看性，更因為營造出高度而方便拿取。

即使在停車空間這類狹小場所，只要放置木箱就能創造適宜的展示空間。擺放小花盆和素瓷人偶，以質樸的風格加以布置。

選擇顏色雅緻的雜貨搭配藍灰色的層架，並統一雜貨風格，讓眾多展示品呈現整體感。

在房屋外牆前架起枕木，當作擺設雜貨的架子。再以水井的幫浦與鋁製雜貨裝飾，呈現歲月流逝般的意境。

能扭轉景色印象的
層架

能夠有效利用縱向空間的祕密武器——層架。會因為大小、設計及素材的不同而演繹出截然不同的風格。使用訣竅在於依照規劃的風格及寬度作選擇。

在籐架的柱子間架設方形木頭框，並引導插在小花器內的爬籐玫瑰蔓延攀爬。除了可溫和的區分出空間，也能增添色彩。

在層架上放置淡藍色的木框，並擺設雜貨與花器。木框上些微的空間也可以當作層架利用，賦予更多變化性。

放置木頭層架與木箱子的後院，統一雜貨的配色與質感，營造清新的角落。

以藍色調統一木板牆及層架的陽臺空間，再用老舊的篩網、吊牌及多肉植物呈現復古風情。

梯形的木製層架搭配多肉和迷你玫瑰等植物，完成頗具風情的一隅。以紅紫色玫瑰當作配色重點。

以白色×藍色的清爽色系作為基調的小小層櫃。統一使用錫製素材，增添老舊風味。

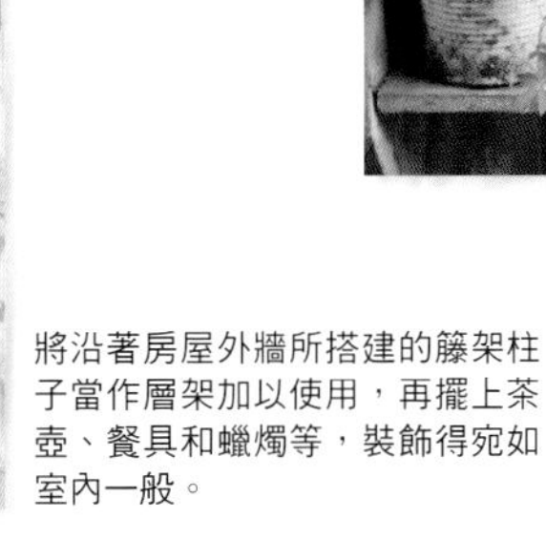

將沿著房屋外牆所搭建的籐架柱子當作層架加以使用，再擺上茶壺、餐具和蠟燭等，裝飾得宛如室內一般。

在骨董層架上展示綠色植物與小物。以紅茶的空罐和插入瓶中的三色堇作裝飾，頗具室內布置的樂趣。

矮梯上剝落的油漆相當具有韻味，上頭的容器也經過仿古加工，放置在懷舊主題的區塊以統一風格。

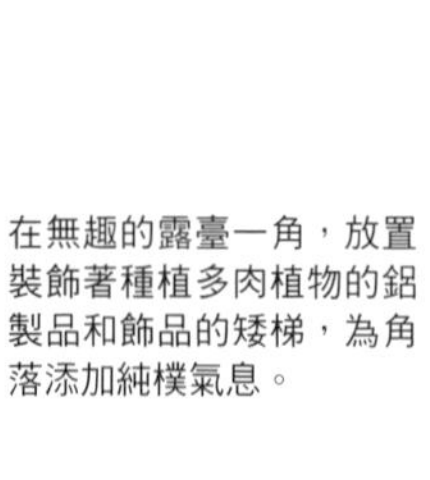

在無趣的露臺一角，放置裝飾著種植多肉植物的鋁製品和飾品的矮梯，為角落添加純樸氣息。

漆成薄荷綠的小小矮梯搭配黃色的用品，為深色牆壁添加亮度。

Stepladder

可作出高度也能擺設花盆，用途廣泛的矮梯

除了可營造高度之外，矮梯的踏板還可以如同層架般使用，是非常適合為庭園帶來變化的道具。與植物的搭配性高，可輕鬆打造自然風格。

將矮梯漆成象牙色，並以種植了三葉草等植物的空罐和桶子裝飾，詮釋出質樸溫暖的一景。

放置在庭園小徑邊的矮梯。以鳥屋和綠色盆栽作裝飾，了更能融入自然庭園，也輕易地成為庭園重點。

骨董縫紉機上和諧地擺設木箱與花器，形成空間的特點。

以白色基調的高貴意象為主軸。在桌子上擺放槲葉繡球、迷你玫瑰及洋桔梗作裝飾，腳邊則收納花器，並藉以遮蔽。

Table

營造醒目的位置，並作成展示空間

為了吸引人們目光，高度剛剛好的桌子是適合用來擺設小物和植物的道具。由於桌子本身就具有相當程度的存在感，所以放置的地點十分講究，一起來打造美好的展示空間吧！

以鑲有馬賽克磁磚的桌子擺設種植著香菫菜的鐵絲提籃。在廣大草地的空間中，成為引人入勝的景色。

在白色圓桌上放置鋁製容器及澆花器，打造豐富而熱鬧的場景。從圍欄延伸而來的玫瑰則增添了幾分潤澤感。

在桌面上陳列著提燈等用品，營造古老雅緻的氛圍。粉橘色的大理花非常吸引女性目光。

鐵製椅子上擺放複合植栽，並放置於拱門旁邊。由於椅子的設計相當細緻，輕易地與周圍的綠色植物相融合。

學校椅的鏽蝕感除了襯托出錫製臉盆上漂浮的玫瑰，還有地面周圍所生長綠色植物的鮮嫩感。

將簡易摺疊椅及紅酒箱的組合擺放至場景深處，前方則放置花器，營造具層次感的空間陳設。

Chair

椅子的設計性
可提高空間的印象

只需要一張椅子就可以製造出展示空間。不僅可當成立架裝飾花卉和雜貨，亦可當作裝飾品與植栽的茂密相互輝映，光是如此就可立刻提昇庭園的質感。

椅子與箱子的潔白，映照出種植在蛋盒和藥罐等廢棄雜貨中多肉植物的懷舊感。

在油漆剝落充滿復古風味的椅子上，放置裝有薰衣草的大型提籃。鄉村風的簡易組合十分優質。

在庭園與道路的邊界鋪上白色枕木，並將老舊三輪車當作裝飾品。以周圍生長的蘋果薄荷統一畫面。

Small spot

在小空間中添加雜貨
打造洋溢個性的角落

在此介紹的是即使狹小角落也可以襯托心愛植物的作法。吊掛、堆疊及纏繞等等，全都是可輕鬆仿效的創意。

將附有鏡子的白色窗框掛在深咖啡色的木板牆上，成為一大亮點。粉紅色的蔓玫瑰則添加了色彩。

在停車格邊的小門柱上放置白花盆栽，並以白色小鳥作裝飾，使其充滿故事性。

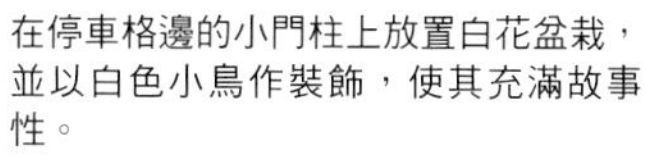

玄關的紅磚門柱周圍堆疊放置陶器盆栽及形狀獨特的磚塊，自然而然地成為視覺焦點。

在盆栽旁放置磅秤和石頭製作的水果，形成充滿意境的角落。只要添加具分量的裝飾品，庭園角落立即變得華麗起來。

在庭園小徑一角放置種植了藍目菊的錫製容器及掛牌，增添可愛感。深桃紅色的花卉成為視覺重點。

Frame

Part2

把牆面當成畫布，使色彩更繽紛

將房屋外牆或周圍木板牆等存在庭園各處的牆面，以描繪畫布般的方式布置，有效的運用空間，並呈現和諧的視覺效果。

利用房屋外牆懸掛框架，淡藍色與白色鐵柵欄為空間帶來清爽印象。

附有小小平檯的鐵製框架上，放置種植過路黃的水盆，黑色鮮明的線條可以平衡空間。

Frame

以不造作的框架為空間增添焦點

從自然素材到高雅質感，框架有著多變的設計。除了可以搭配小盆栽，也可讓植物纏繞，實用性極高。

白色木板牆上格外引人注目的藍色框架。在框架的平檯放上空罐，演繹出懷舊又質樸的景色。

在玄關旁植物茂密處放置纖細線條的框架，蜷曲的線條設計增添優雅氛圍。

在咖啡色牆面裝置白色方形裝飾架，以配色增加變化，擺放於上方的花朵圖案小物十分引人注目。

Trellis & Fence

使用框格及圍欄時，盡量呈現立體感

包圍庭園用地的框格和圍欄，容易因為面積龐大而給人壓迫感。利用吊掛方式或設置裝飾架，多方運用使其成為植物和雜貨的展示場所。

選擇種植與圍籬同屬白色的蕾絲花及矢車菊，掛上鐵絲籃顯得更加活潑熱鬧。

設置四格裝飾架，不僅可以整齊收納零碎的雜貨，讓整體感覺變得清爽，更增添可看性。

在深咖啡色的木頭牆掛上迷你玫瑰和多肉植物的盆栽。除了盆栽，還添加掛牌，完成令人印象深刻的牆面。

將多肉植物放入架設在圍籬上的木箱。以白色為背景，黃色花朵顯得更加鮮明耀眼。

裝置在陽臺扶手上的白色圍籬，掛上以鐵絲製作的雜貨收納架。打造可統一收納多肉植物，且配色雅緻的一隅。

隱藏在深處的白色圍欄上，設置大小高低不同的層板，營造充滿韻律感的牆面，再放上常春藤、寶蓋草等盆栽賦予生動感。

白色圍籬上設置有厚度的方形箱格。可整合零散的多肉小盆栽，打造清爽的展示畫面。

利用圍欄間隙吊掛盆栽，形成繽紛熱鬧的景致，將小盆栽統一收納裝飾還能夠增加分量感。

將小小的裝飾架及掛架設置在圍籬上，可預留植物生長空間，即使玫瑰茂盛地向外擴散生長也不會受到影響。

Trellis & Fence

掛上線條纖細的鍋架。在陶器內種入野生玫瑰，完成更加可愛的景色。

在花壇盆栽上方，吊掛鐵絲製成的小物收納架。空罐中盛開的紅色金蓮花為畫面帶來了活力。

木頭地板四周的圍籬上盤繞著蔓玫瑰。牆面鑲嵌玻璃，增添滿是透明感的光輝。

在圍繞庭園角落的牆面設置展示架，放上綠色植物。以咖啡色系統一視覺，醞釀沉靜氣息，如打造室內般的空間。

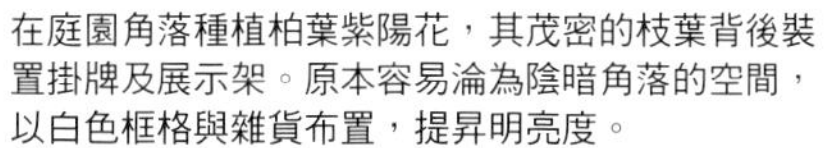

在庭園角落種植柏葉紫陽花，其茂密的枝葉背後裝置掛牌及展示架。原本容易淪為陰暗角落的空間，以白色框格與雜貨布置，提昇明亮度。

玄關入口處旁的牆面上架設了牆板，可以用釘子將小小的展示架與吊燈固定在上方。以可愛的雜貨裝飾，精心設計迎接賓客的歡樂空間。

設置在小屋牆壁上的鐵製掛架。以直線為主的掛架可襯托綠色植物的生動感。

Shelf & Hook

展示架與掛勾
是豐富牆面的必備道具

為了有效運用平板的牆面，並打造優美的展示空間，壁架與掛勾是不可或缺的道具。最大的魅力在於即使在狹小的空間裡，也可以輕鬆設置。

以放置在階梯上的花器和裝飾於牆面的懸掛盆栽，為通往玄關的道路打造綠意盎然的場景，完成讓人愉悅的空間。

利用綠色小屋的側面設置鐵製掛架，掛上假葡萄等飾品，為單調的牆面增添色彩。

在現有的倉庫側面貼上牆板作成展示空間。以充滿節奏感的方式架設小小展示檯，隨意陳列綠色植物，再以生鏽的鐵製雜貨增添復古氛圍。

在玄關柱子的白色牆面上，釘上不同顏色的裝飾架作變化，垂吊著的盆栽為景致帶來生動感。

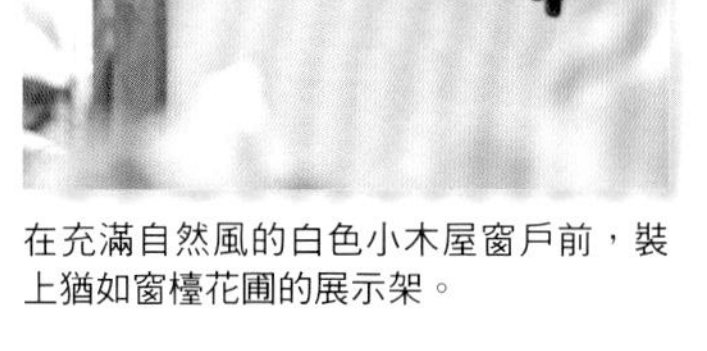

在充滿自然風的白色小木屋窗戶前，裝上猶如窗檯花圃的展示架。

在屋簷下方，將打掃用具和乾燥花懸掛在外牆上，設置於玫瑰藤蔓的後方，成為可展示的收納空間。

設置於房屋外牆的小小掛架。周圍攀爬著綠油油的加拿列常春藤，與架上擺放的雜貨相得益彰。

Shelf & Hook

依風格分類

庭園的印象以這個來決定！

適合花草的67款 庭園雜貨

放入自己喜歡的雜貨，打造世界上獨一無二的庭園吧！
在此將用來增添亮點或提昇質感的庭園雜貨分成四個種類作介紹。

金色給人洗練的感受 可用於收納土壤及肥料的帶蓋水桶

淡金色與簡易形狀的時髦銅製水桶。由於附有蓋子不會進水，便於收納土壤及肥料。（直徑23×H26cm）／BROCANTE

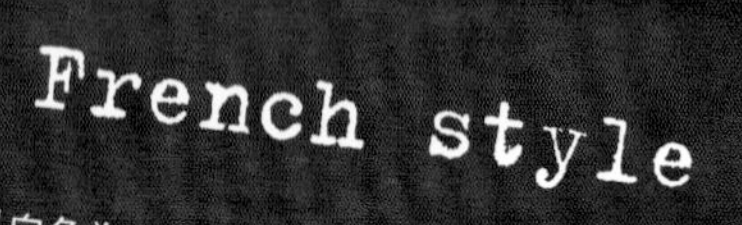

French style

以白色為基調的法式庭園，用法國當地購買的骨董及復古風雜貨裝飾，營造優雅氛圍。

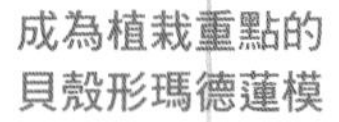

成為植栽重點的 貝殼形瑪德蓮模

將瑪德蓮蛋糕的模型藏在盆栽或複合植栽裡，成為襯托用的裝飾品。當作小盤子，以切花或果實加以裝飾也很棒喔！
S（W14×D9cm）、M（W17×D6cm）、L（W21×D14cm）／BROCANTE

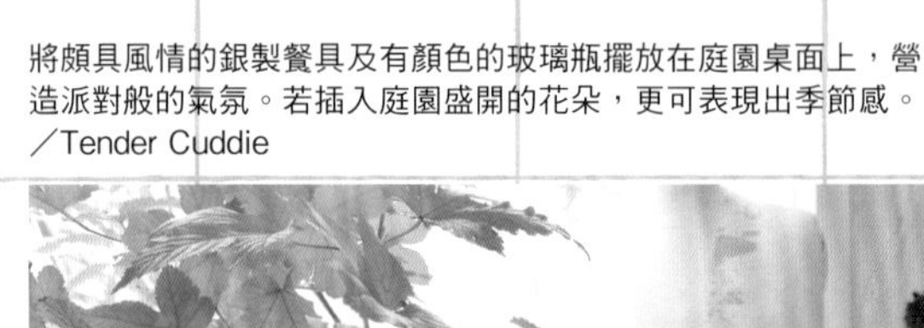

將頗具風情的銀製餐具及有顏色的玻璃瓶擺放在庭園桌面上，營造派對般的氣氛。若插入庭園盛開的花朵，更可表現出季節感。／Tender Cuddie

破損的標籤頗具特色 法國製玻璃瓶

與花器等一同置於庭園一角作裝飾，透明感的藍色瓶身是一大亮點。寫著法語的復古設計標籤極具魅力。（直徑6×H22cm）／BROCANTE

以骨董秤、玻璃杯及餐具布置成猶如廚房一角。並將復古質感的陶製花器堆疊收納於籃子內。／Tender Cuddle

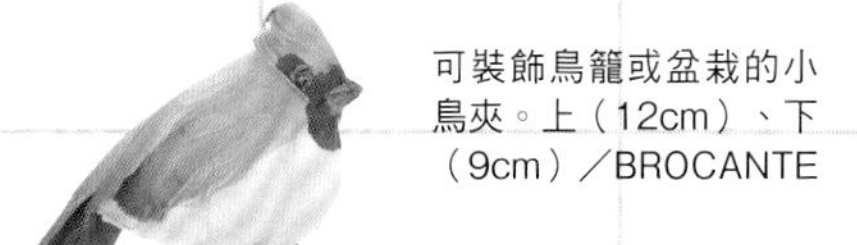

可裝飾鳥籠或盆栽的小鳥夾。上（12cm）、下（9cm）／BROCANTE

可直接放置或作吊掛裝飾的鳥籠

以細木棒組成的法國骨董鳥籠。放入小盆栽吊掛起來，就成為可愛的吊掛盆飾。
（W25×D18×H17cm）／BROCANTE

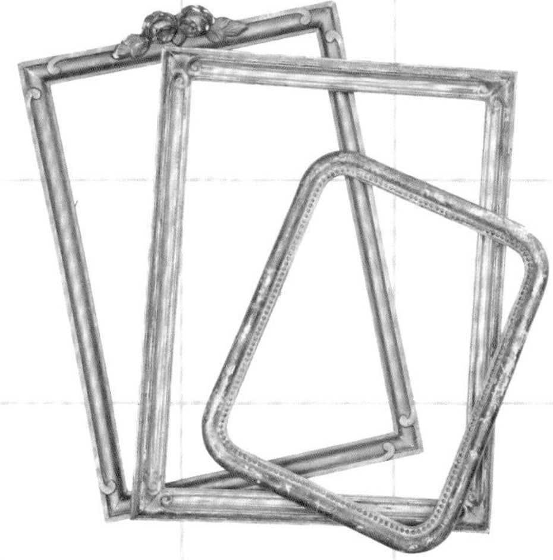

將喜愛的角落變成一幅美麗的畫

庭園裝飾的重點之一，掛起畫框將美好的角落化身為一幅美麗的畫作。
右（W22.5×H28cm）、中（W30×H38cm）、左（W27×H39.5cm）／Tender Cuddle

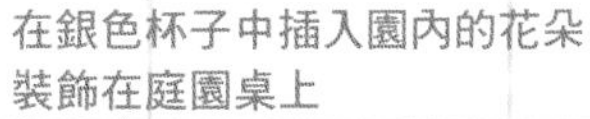

在銀色杯子中插入園內的花朵裝飾在庭園桌上

在法國使用的骨董銀色餐具，除了可以庭園的花朵裝飾外，當作盆栽更可提昇優雅氛圍。右（直徑10×H8.5cm）、左（直徑8×H11cm）／Tender Cuddle

把充滿分量的鐵秤當作小小展示檯

黑色與金色對比的優雅骨董秤。放置小盆栽或纏繞藤蔓植物製造氣氛。（W59×D22×H26cm）／Tender Cuddle

三種顏色的素瓷花器
「moss pot」

除了常見的磚紅色，也有給人質樸印象的白色與黑色，此外，也有各種尺寸，不妨加入玩心，將不同顏色和大小的花器一同排列組合吧！／green gallery GARDENS

將錫製箱子當作綠蘿盆栽的花盆套使用，再放上松果與木線軸，增添自然風格。／green gallery GARDENS

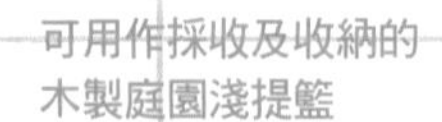

可用作採收及收納的
木製庭園淺提籃

可單手放置的時尚淺提籃，常用於廚房庭園的蔬果採收及花朵採摘。（W48×D30×H37cm）／green gallery GARDENS

生鏽處非常具有魅力的
錫製澆花器

表面生鏽，充滿二手復古風情的骨董澆花器。用來澆花或作裝飾都很棒。
（W38×D20×H37cm）（黑田園藝）

邊緣配色與印刷
皆十分搶眼的琺瑯杯

杯身印刷非常亮眼的琺瑯杯，尺寸大小剛好可培育一株花苗。（直徑10.5×10cm）／green gallery GARDENS

天然材質的花圈底座，
攀爬上綠色植物也很美麗

可自由裝飾的花圈底座。除了能掛在牆上讓藤蔓植物攀爬外，也可以將摘下的花朵烘乾後加以裝飾。L（直徑24cm）、S（直徑16cm）／green gallery GARDENS

外觀非常可愛的
彩色防蟲蠟燭

彷彿果醬罐般的可愛設計，呈現雜貨感的防蟲蠟燭。會飄散檸檬般清爽的香茅香味。（直徑8×9.5cm）／green gallery GARDENS

在極簡的籃子內
自由種植當季花朵

以鐵絲和椰絲纖維製成的簡易籃子適合各種植物。植入喜歡的植物苗種作成複合植栽，裝飾在庭園或玄關吧！（直徑29×H15cm）／green gallery GARDENS

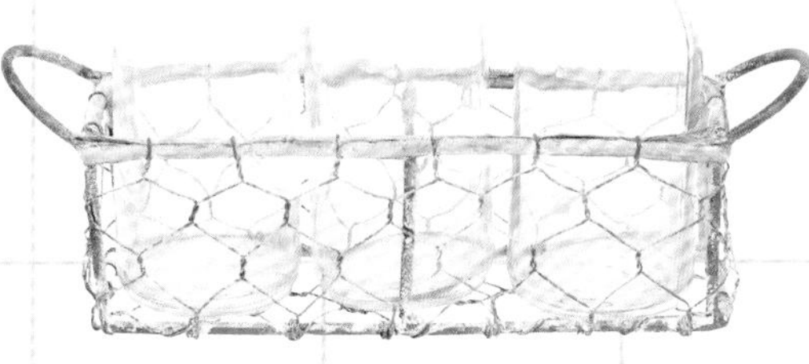

以鐵絲籃和玻璃瓶
打造清爽角落

可襯托庭園綻放的小花或香草樣貌的小玻璃瓶。三個一組的玻璃瓶可以自由取用，鐵絲籃也能單獨使用。（W21×D6×H10cm）／green gallery GARDENS

銅和玻璃等質樸素材可裝飾於任何地方。將蠟燭罐堆疊營造出高低層次，賦予空間變化性。／green gallery GARDENS

可用於展示雜貨的
雙層花架

適合作為花架和收納園藝用品的雙層展示架。因為線條簡單，更可以襯托展示物。（W51×D47×H84cm）／澀谷園藝

當作裝飾素材而入手的
貝殼造型置物盤

具重量感的鐵製貝殼造型置物盤，當作擺飾放上盆栽，就可作出高雅的風格。亦可搭配空氣鳳梨、松果及乾燥花。（W14×D16×H5-17cm）／澀谷園藝

能當作壁飾使用的
羽毛圖案框格

設計成羽毛般的框格，掛在牆上讓藤蔓植物攀附，牆面頓時變身成優雅的裝飾空間。（W99×H34cm）／澀谷園藝

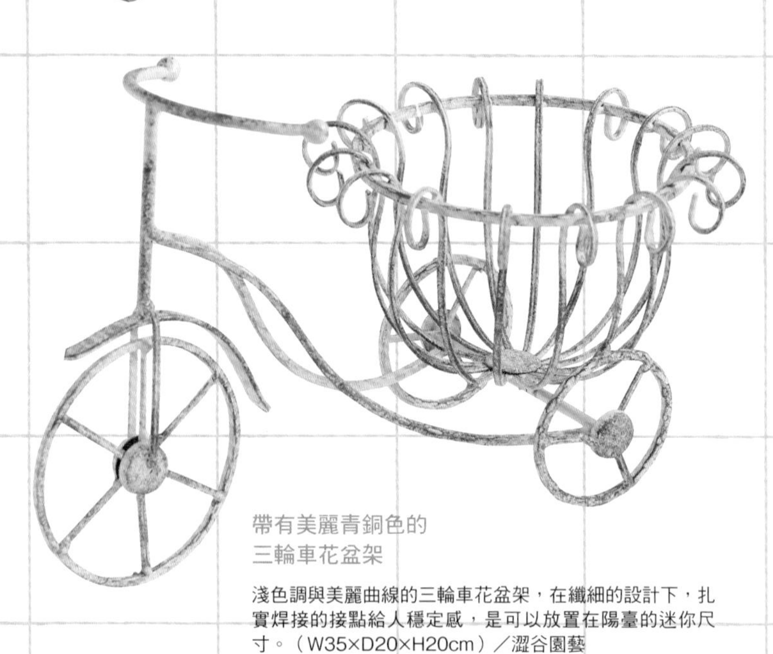

帶有美麗青銅色的
三輪車花盆架

淺色調與美麗曲線的三輪車花盆架，在纖細的設計下，扎實焊接的接點給人穩定感，是可以放置在陽臺的迷你尺寸。（W35×D20×H20cm）／澀谷園藝

鐵製白色花籃

在仿舊質感的白色籃子內，鋪上椰絲纖維等素材並植入苗種。讓常春藤或蔓玫瑰等加以纏繞，就會變得十分內斂優雅。（W42×D19×H43cm）／澀谷園藝

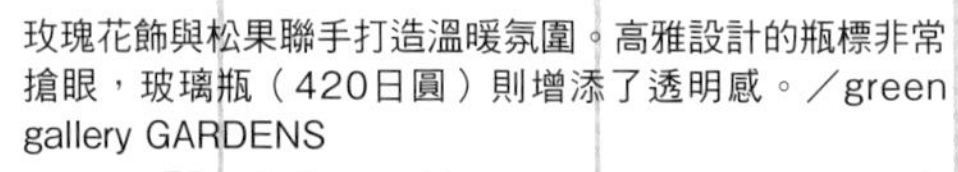

玫瑰花飾與松果聯手打造溫暖氛圍。高雅設計的瓶標非常搶眼，玻璃瓶（420日圓）則增添了透明感。／green gallery GARDENS

以具有高度的白色鳥籠替代吊掛花器展示。背後淺橘色牆面與玫瑰醞釀優雅氣氛。／HUG home&garden

造型時髦的水管支架 成為庭園中亮眼的焦點

插在庭園一角引導水管的水管支架，可旋轉的轉軸讓水管引導更順暢。（直徑8×H42cm）／green gallery GARDENS

可充分展現藤蔓植物魅力的裝飾框格

要讓蔓玫瑰等藤蔓植物展現魅力，不可或缺的框格在設計上需要非常講究。菱形格紋與上方曲線的對比十分美麗。（W45×H130cm）／澀谷園藝

園藝玩家所憧憬的 正統英國製陶器

經過專家的手藝打造出藝術品般的裝飾物，讓許多園藝家為之傾倒的whichford陶器。立刻提昇庭園風格。（直徑31×H29cm）／澀谷園藝

擁有纖細線條， 非常迷人的優雅花架

鏤空雕刻的美麗花架。可讓喜愛的盆栽更顯魅力喔！S（直徑19×H5cm）、M（直徑24×H6cm）、L（直徑28×H6cm）／澀谷園藝

「whichford」的彩色花器

來自園藝王國——英國的瓷器品牌whichford色彩鮮明的花器。豔麗的光澤與深色配色是其魅力所在。L（直徑18×H17cm）、S（直徑14×H13cm）／澀谷園藝

Junk style

經過歲月流逝更添風味的二手雜貨，搭配隨著成長而呈現不同風貌的植物，不論是什麼種類，都會隨著時光而增添魅力。

將繽紛的雜貨與植物一起陳列吧！生鏽的盒子和纏繞的藤蔓植物給人歲月流逝的印象，背景則是清爽的白色。／黑田園藝

使人充滿裝飾欲望的
繽紛迷你澆花器

手掌大小的澆花器除了可用來種植多肉外，當作擺設也很受歡迎。一次排列多種不同顏色相當可愛。（W11×D4×H7.5cm）／黑田園藝

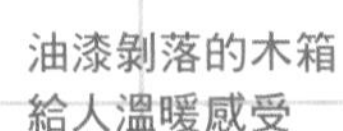

油漆剝落的木箱
給人溫暖感受

將木箱漆上不會太過刺眼的螢光綠，非常適合用來收納平時使用的園藝工具及肥料。（W24×D21×H14cm）／黑田園藝

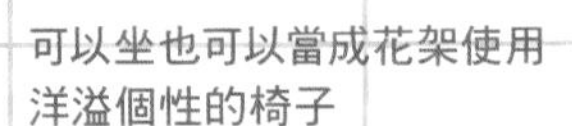

可以坐也可以當成花架使用
洋溢個性的椅子

設計纖細的椅子放置在庭園，可以輕易地融入景觀中，成為在盆栽縫隙間露出的鮮明紅色裝飾。擺在木地板或陽臺角落也可以當作花架使用。（W26×D38×H54）／黑田園藝

與植物屬性相符的
上漆鋁桶

漆上鮮豔色彩的上漆鋁桶，只要打洞就可以用來栽種植物，植入簡單的綠色植物可以襯托出容器的個性。（直徑10×H8cm）／黑田園藝

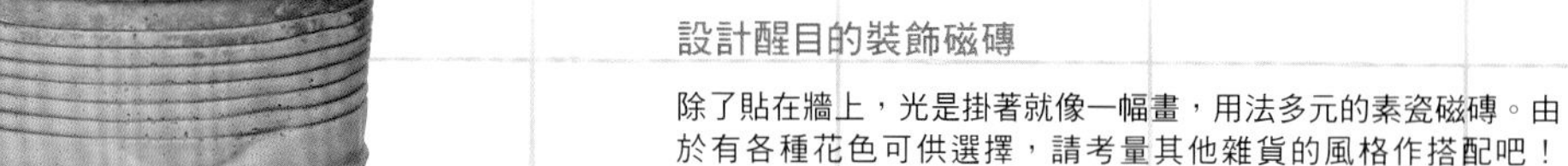

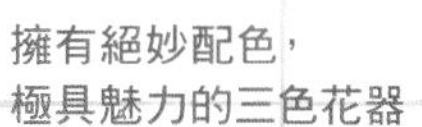

擁有絕妙配色，
極具魅力的三色花器

仿空罐沉靜配色的實用陶製花器。因為底部有孔洞，所以可以用來栽種植物。兩種尺寸共有三種顏色。L（直徑18×H23cm）、S（直徑13×H16cm）／green gallery GARDENS

設計醒目的裝飾磁磚

除了貼在牆上，光是掛著就像一幅畫，用法多元的素瓷磁磚。由於有各種花色可供選擇，請考量其他雜貨的風格作搭配吧！（W10×D10cm）／黑田園藝

即使只是放在庭園中，
也十分時尚的土篩

明亮成色的工具可以讓庭園更加歡樂。由於有開孔不會積水，因此可以當作另類的花器使用。（直徑38×H8cm）／黑田園藝

大膽呈現鏽蝕感
懷舊風格水桶

將新品上漆再以打磨等手法作出生鏽感覺的水桶。除了收納或當作花盆外，倒過來放置也可以變成花架使用。／黑田園藝

種植不會開花的綠色植物跟多肉植物的盆栽，會因花器素材及顏色的不同而顛覆眾人印象。使用生鏽空罐會產生懷舊風格，若用藍色的錫罐則會增添畫面色彩。／黑田園藝

大容量的金屬便利收納箱

不只可放入園藝用品，上方還可以放置雜貨或植物的極簡風收納箱。以鮮豔的黃色和數字「77」為特點。（W36×D26×H17cm）／黑田園藝

美好的故事由此誕生

利用風格雜貨打造庭園景色

骨董或老舊工具等極具風情的雜貨，光是與植物相結合就能夠打造具故事性的角落。我們前往拜訪雜貨使用高手的家，希望對布置庭園有更深刻的體悟，同時也能作為設計參考。

在庭園深處的小屋牆邊，展示著以藍色為基調的椅子和園藝用具，成為庭園的一大特色。

在藍色漸層中以紅色畫龍點睛

茨城縣／武田洋子

通過從入口開始就覆蓋於頭頂的葡萄藤隧道，前方是寬廣的武田家庭園。大柄冬青這類複數枝幹的雜木彷彿圍繞著庭園，讓人恍若置身於森林之中。

以雜木林為主題的庭園中，到處放置著古老用具及大型家具，雜貨與景色融為一體，與樹木枝葉及盆栽間形成完美畫面。此外，隨處設置的展示空間積極地擺設著能夠映襯綠意的藍色雜貨，營造引人注目的角落。「由於沒有太多華麗的花朵，只能靠藍色系雜貨來調整配色的平衡。」藍色的道具全部都是自行上漆。為了在綠色空間中配置出良好的色彩平衡，小物體使用深色，而大體積的物品則使用淡色，對於深淺的控制十分講究。「加入紅色雜貨當作亮點則是呈現可愛感的訣竅。」靠著武田嚴謹的配色技巧，才能打造出美麗的場景。

白色牆壁映照鮮豔色彩的庭園掛牌

設置於入口閘門旁的展示空間。畫著木莓的掛牌成為白色舞臺的重心。

將塗成藍色的澆花器放置於綠色空間

為了增添色彩而放置的藍色澆花器。藍漆之下塗上紅色油漆，為了呈現復古氣氛而施以仿古加工。

在藤架的柱子裝設鐵製掛架，吊掛鋁及鐵絲製作的小物。葡萄藤蔓輕巧蔓延，展現充滿自然感的氛圍。

在庭園入口設置的白色閘門。引導進入主花園的葡萄藤架小徑綠意盎然，提昇通往深處的期待感。

上／保留牆面一部分不作裝飾，藉以強調漆成淡藍色的木頭圍籬。
下／以鮮紅外觀的香料罐引人注意。「增添紅色雜貨藉此集中視線。」

吊掛錫罐，為高處增添綠意

於錫罐內種植盾葉天竺葵並懸吊在空中，為缺乏綠意的展示空間自然地添加色彩。

選擇生鏽質感的雜貨統一布置風格

在木頭圍籬上裝設腐朽的木製層架，並擺入鐵製飾品和古老用具等懷舊小物，在圍籬上構築展示空間。

在充滿個性的花器內種植多肉植物，猶如雜貨般的擺設

景天科類的多肉植物由於外型可愛，最適合與雜貨搭配展示。除了可種植複合植栽，也可以把蛋殼當作花器，增加搭配性。

在長椅上方，藤蔓植物難以攀爬的壁面上，以雜貨掩蓋沒有綠色的孤寂感。藉著鋁製的各種大小雜貨組合搭配，讓壁面更加豐富。

上／把鐵絲籃吊掛在牆面上當作迷你掛架，以掛牌與小盆栽作裝飾，在牆面上製造出展示空間。
下／自治的簡易層架，為了能夠收納較重的花盆特地選擇厚木板製作。內部可以收納，上方則可用於展示。

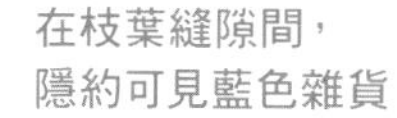

在棚架後面的牆壁上裝設抽屜櫃。桌上的藍色百葉窗映照著綠意盎然的庭園，呈現清爽景致。

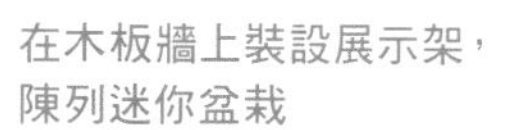

為了配合木板牆上裝飾的鋁製飾品所設置的壁架。以仙人掌等迷你盆栽為鋁製雜貨增加韻律感。

仿舊的廚房小雜貨
使用了柔和的色調塗裝

小屋風展示架的設計風格是以紅色小物來製造視覺焦點，在淡色塗裝的雜貨就像畫龍點睛般，令人眼睛為之一亮。

當顏色亮麗的廚房雜貨遇上硬派風格的工具，甘×辛風非常迷人

千葉縣／山內幹子

山內利用照顧小孩的空閒時間，樂於用雜貨布置小小的庭園。主要的舞臺是從停車場延伸而來，位於庭園小徑旁放置的手作木製展示架。「配合庭園空間製作尺寸，就能輕鬆融入空間，且容易布置。」山田這樣表示。漆成白色與淡藍色，並呈現小屋或廚房置物架風格的展示架，為庭園帶來明亮且熱鬧的氣息。架上所陳列的雜貨是從骨董市集及網路商店一點一點蒐集而來，有美國、英國、法國及日本的古老廚房用品和工具等等。若看膩相同的景致，只需替換雜貨，馬上又能令人耳目一新。

就像使用紅色廚房雜貨布置角落，以加入鮮豔顏色和帶有厚重感的生鏽物品，襯托玫瑰的甜美感是山內式風格。一邊與住在附近同樣也喜好園藝的母親交換雜貨，一邊挑戰各種不同的庭園風格。

右／裝飾在層架上的琺瑯製品，其自然的氣息與植物非常符合。沉靜顏色的屋頂特意向前傾斜，讓人將視線集中於展示區上。左／把空罐加以拼貼成花瓶，再加入骨董雜貨，更有手作氛圍喔！

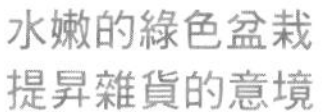

水嫩的綠色盆栽
提昇雜貨的意境

以木板牆壁為背景，利用生鏽工具及生活用品作裝飾的質樸角落。多肉及藤蔓植物的潤澤感更能襯托鏽蝕之美。

上／Juki縫紉機購自網路商店。由於深度較淺，不會擋到庭園通道，是非常好用的展示檯。下／過路黃葉子明亮的顏色與奔放生長的輕柔枝葉軟化畫面的厚重感。

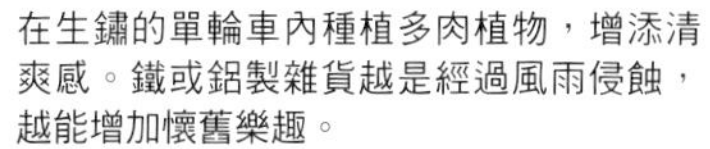

在生鏽的單輪車內種植多肉植物，增添清爽感。鐵或鋁製雜貨越是經過風雨侵蝕，越能增加懷舊樂趣。

海軍藍邊框的壁架
成為展示焦點

粉刷成沉靜藍色的角落。利用只有壁架是淺藍色的方式，讓展示一眼就被看見，也讓場景看來較為輕鬆愜意。

將工具展示在牆壁上，
打造如男性車庫般的空間

在骨董市場找到的工具，漆上藍色油漆及老化加工等處理後，展示於壁架上，增添不少風味。

裝飾在壁架上的木製雜貨
為景致帶來輕鬆感

在蔓玫瑰Pierre de Ronsard蔓延的優雅拱門邊，裝飾溫暖的木製雜貨，營造生動活潑的空間。

在容易陰暗的樹根處，插入鐵製的白兔親子飾品，增添開朗可愛的風情。

把兼作陳列架的手工室外壓縮機遮罩當成展示場所

漆成藍灰色的廚櫃風格展示架上，以顏色鮮豔的飲水機組與水壺裝點可愛風格。

把充滿自然明亮風格的黃葉多肉植物放入鐵絲籃內，如同吊燈般掛在屋簷下。

浪漫的場景以鐵製雜貨平衡

在可愛的粉紅色玫瑰Maria Theresia蔓延的白色牆壁上，以生鏽的鐵製數字及曲線狀飾品來平衡甜美氛圍。

以雜貨裝飾手工打造的設施
創造會說故事的庭園

千葉縣／野尻明美

搭配清爽的色系，
充滿童趣的空間

以惹人憐愛的小花及雜貨裝飾手作梯子，涼爽的藍色與黃色的花盆搭配性極佳，創造歡樂空間。

盛開著美麗玫瑰的庭園是由野尻與熱愛ＤＩＹ的朋友合力完成。在小路盡頭設置場景焦點，由路旁盆栽引導視線往藍色長椅望去，形成擁有景深的情境。

以雜貨映襯手工打造的庭園設施。利用圍籬及涼亭，到處設置可裝飾雜貨的空間是重點之一。在牆面設置裝飾架和掛勾，讓白牆與小物、盆栽植物相互輝映，營造歡樂氣氛。此外，活用柱子吊掛物品及在涼亭的上方和側面裝設架子等，即使小空間也一點不留的全部利用。不僅是庭園內的設施，利用漆上喜愛顏色的梯子、手作層架和木箱等道具，也能製造毫不單調的原創場景。在裝飾空間上費盡心思，並以良好品味加入雜貨元素，讓庭園的景致更加豐富多變。

右／在圍籬架上層板，當作雜貨擺飾空間。裝飾在柱子上，用樹枝與松果作成的自然風花環也是涼亭的一大特色。左／連涼亭的柱子也巧妙運用。鋁製鳥屋與木頭結合，襯托綠色植物的光澤感。

涼亭上，鬆鬆地掛上白色布條營造柔和印象。白色牆壁更能襯托出梯子、花盆及獨特形狀的磚頭的存在感。

Point

活化牆面上方空間
作為展示場所

在涼亭設置展示架。利用牆面及柱子，以框架、聚光水晶及複合植栽點綴得熱鬧非凡。

藍色長椅
成為景色的重點

庭園小徑的盡頭搭建迷你涼亭，白色牆壁映照著藍色長椅，再以清爽別緻的盆栽增添色彩。

Point

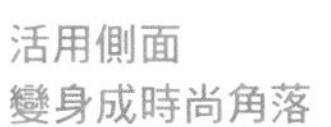

活用側面
變身成時尚角落

涼亭側面架上木板，擺設盆栽作為裝飾。並使用與提燈相同材質的鋁製澆花器當作花盆，完成具有整體感的空間。

在上方層架放入印有數字的馬克杯等充滿童趣的雜貨。以層架的柱子替代掛勾，吊掛提燈。

活用側面深度較淺處，當作小小的陳列架。將肥料等實用的物品放置於白色罐子內，加入展示行列。

設置裝飾層板
讓牆面更加熱鬧生動

位於庭園入口側邊區域的牆面，裝上層架並擺放雜貨。以鉤子吊掛鏟子等園藝工具相當便利。

在裝飾上下功夫
花盆也可以
成為華麗的展示品

與鐵架、熨斗、提燈等鐵或鋁製雜貨一起展示，既襯托出素瓷花盆的質感，也瞬間變得十分時尚。

沿著藍色牆壁擺放了手作層架，還有當作花架使用的木箱，與陶製花盆及鋁製雜貨搭配也非常適合。

裝上附有窗框的隔板 變身成室內般的空間

除了設有窗框之外，把收納箱當作桌子，打造小木屋般的場景。再以雜貨和迷你玫瑰Coffee Ovation為畫面點綴色彩。

生鏽的臉盆是場景重點

為了與植栽融合，在骨董風格的臉盆裝設腳架，並種植綠色植物。冰冷的風格與場景的自然風情融合為一。

右／吊掛在鐵製框格的籃子內放入松果呈現質樸感，再以心型小物與白玫瑰AlisterStellaGray增添可愛度。中／在入口處的圍籬釘入釘子，掛上多肉植物。鋁生鏽的顏色成為白色木板上的特點。左／茂盛枝葉中吸引目光的畚箕內隨意放置彩色的花盆與耙子，展現時尚感。在此也精采呈現充滿原創性的配置技巧。

骨董雜貨搭配宿根花草
變身自然又時尚的庭園

岡山縣／M

把骨董鐵製大門立於外牆上，以曲線為原本單調的背景增添了韻律感。

綠色植物攀附著留有歲月痕跡的家具及骨董用品，形成頗具風格的庭園。M氏從自宅剛蓋好開始，就不斷嘗試各種庭園風格。現在的庭園則陳列著質樸的骨董及老舊工具，打造為沉穩氛圍的庭園。

「從女兒開始經營雜貨及園藝商店，就想到店裡幫忙，之後演變成對庭園造景的堅持。」M這樣說。雜貨和骨董多半都是購自於女兒經營的natural garden purpea。

由於喜好沉穩的風格，特意抑制色調，雜貨都是以簡單的樣式為主。庭園整體多以飛蓬草及岩垂草等容易被誤認為是野草的宿根花草營造自然風格，並使用老舊臉盆或水桶替代花盆種植小花，展現可愛的感覺。以令人玩味的雜貨與花朵作組合搭配，完成樸素又溫暖的空間。

將能夠感受到歷史的物品當作花檯使用

將骨董船以手提箱當作花架使用，呈現復古氛圍，再以多肉植物等小盆栽簡單地加以裝飾。

右／木製長椅可以用來展示庭園盆栽與複合植栽。經過日曬雨淋後，與骨董家具可完美調和。左／吸引路人目光的入口側邊，將花器擺放於每一階臺階上，有效利用高低層次。

當薰衣草等纖細的花草遇上黑色花盆。經過風雨侵蝕更添風味的花器，搭配骨董澆花器，加深別緻的印象。

散發存在感的骨董梯子

梯子常用來當作小盆栽及雜貨的展示架，A字線條的形狀十分迷人，也成為象徵性素材。

在鋁製容器內
種植惹人憐愛的小花

把底部打洞的方形鋁盆當作花器，種植藍星花。放置在椅子上作裝飾，呈現自然氛圍。

上／在容易缺水的小型盆栽內種植腎葉菫等生命力旺盛的花朵以便管理。迷你盆栽在M氏的庭園展示中是不可或缺的要素之一。下／將底部為網狀的球根用箱子當作展示架，以吊、掛等方式裝飾網狀部分。

將種植在個性花器內的多肉植物以雜貨般的方式陳列

為了遮住背後的簡易車庫而設置的展示區域。裝上木箱，擺上種植多肉植物的英國骨董花盆，就能變身成愉快的展示場所。

為了隱藏車庫圍欄所設置的牆面裝飾，與彷彿要填滿雜貨間隙而生長的綠色植物相互作用，加深場景的風格。

當作舞臺背景的牆壁上立著白色閘門。生鏽的質感頗具風格，醞釀復古氣息。

白色箱子作成的裝飾架上，以飾品及珐瑯壺等白色雜貨統一風格。設置明亮的角落，讓庭園不會太過陰暗，取得畫面平衡。

可用於各處的鐵絲架

以相同花盆連續裝飾的簡單配置，凸顯羅勒Kent Beauty變化的花色。

與攀地鏡鈸花融合的木箱裡放著英國的骨董玻璃瓶，營造充滿歲月故事的角落。

在玄關前的牆面是讓行人大飽眼福的裝飾空間。白色層架與綠色盆栽為玫瑰園內帶來一陣涼意。

庭園與玫瑰的對話
以雜貨配置典雅印象

千葉縣／上村京子

上村的理想是「玫瑰美麗閃耀的自然庭園」。以Old Rose為中心，種植了約六十種玫瑰，每日都被玫瑰甜美的香氣及優雅的姿態所療癒。

為了不要給人太過甜美、過於沉重的印象，除了選擇適合的玫瑰品種外，在搭配的雜貨和家具選擇上也有自己的堅持。玫瑰以大小不同的花朵巧妙組合成具變化感的景致，色系也加以統整，醞釀出別緻氛圍。雜貨跟家具則是集中選擇白色、灰色和綠色等，營造清爽的空間。雜貨是決定主題後再作搭配，以清爽的統一感襯托玫瑰的嬌弱。用來平衡的是紫色的鐵線蓮等藍色系花朵，以參雜冷色系的手法讓庭園整體呈現成熟的風格。講究大小與顏色選出各種玫瑰，與其搭配的雜貨在配置上也下了一番功夫，使魅力更加提昇。

把種植綠珠草的白色花盆放置在生鏽的鐵絲花盆套內，打造輕鬆氣氛。與玫瑰相契合的纖細綠色植物則以雜貨的感覺進行裝飾。

以小雜貨為簡單手作層架
增添色彩

可以襯托裝飾品及周圍盆栽的白色層架是手作品，是能讓雜貨擺設呈現律動感的絕佳利器。

蔓延著玫瑰的白色架子，是用於攀附藤蔓及展示的手作品。即使裝設在牆壁上也不會有壓迫感，充滿機能性。

和纏繞在玄關旁涼亭上的玫瑰十分相襯的鐵製桌椅組。擺上盆栽裝飾，將綠色植物以立體感方式進行布置。

右／吊掛小鳥造型雕像的裝飾品，成為可愛的焦點。灰色調與綠色很相稱。左／在橄欖盆栽的樹根旁放置裝飾牌，與盆栽周邊景色融合。灰綠色也營造出溫柔的氛圍。

決定每個角落的主題 營造整體感的陳設

鐵製的裝飾框架、提燈及描繪玫瑰的花盆等，以優雅風格為中心。由於營造出統一感，給人清爽的印象。

將老舊水槽當成展示檯使用。鮭紅色的磁磚與雪球花搭配性高，給人溫和的印象。

巧妙活用日用品，
演繹時尚擺設

把Bonnemaman的果醬空瓶當作花器使用。插上庭園中採摘的小花，呈現可愛風格。

以成熟可愛的庭園為目標 控制雜貨的數量

兵庫縣／岩崎見早子

岩崎的庭園有著令人懷念的味道。以粉紅色與白色薔薇為中心，種植纖細宿根花草當成草叢，完成充滿自然風情的空間。

可當作雜貨使用技巧參考的是他的展示技法。在往房屋延伸庭園小徑旁的草叢中擺放椅子加以裝飾，看起來毫不突兀，其他雜貨也自然而然地與庭園融合，沒有絲毫造作的痕跡。雜貨主要挑選與自然風格搭配性佳的骨董及設計簡單的款式，選擇貼有磁磚的水槽及彷彿在小學內使用的小椅子等，充滿懷舊氣息的物件賦予空間溫和的氛圍。

讓庭園看起來清爽整潔的小訣竅是顏色與分量的控制，在木製雜貨中穿插藍或黃的雜貨以吸引目光。此外，作為基底的家具則選擇二手風格，再放上日用小物，建構完成溫暖的景色。

庭園小徑旁的雜貨區域。由骨董腳架與木箱所組成的花架，裝飾垂枝常春藤後，更能提昇質感。

把庭園道路旁被草叢掩蓋的椅子當成花架，花蓼別緻的葉色與普剌特草淡藍色的花朵和座椅的白相互輝映。

利用顏色樸素的雜貨加以裝飾，
製造古典氛圍

在老舊縫紉機臺上以迷你雜貨作裝飾。於咖啡色與白色等沉穩色系間放入早期添加石炭的藍色箱子，作為製造效果的對比色。

在生意盎然的草叢上放置
具有獨特風格的家具和雜貨

古老的長椅和花盆襯托金錢薄荷的水嫩感。
加入灰色的盆器，立刻增添洗練的印象。

在自然風的木頭椅上擺放清爽的藍色提籃作為搭配重點。不過分裝飾是讓庭園看起來迷人的訣竅。

對於花器與裝飾雜貨的堅持，提昇當季複合植栽的魅力

埼玉縣／瀨山美惠子

瀨山將心思灌注於約十六平方公尺的庭園造景上。為了圍住庭園而設置的迷你花壇，在容易控制分量的花草間隙中擺上大大小小種植植物搭配的樂趣。其中有以黑、黃、紅等時尚的顏色搭配為中心的複合盆栽，也有使用白花搭配葉子完成的清爽組合等各式各樣的作品。「在描繪出擺設地點的樣貌之際，也決定複合盆栽的組合。」

為庭園增添氣氛，是與複合植栽組合搭配的小小鋁製、鐵製雜貨。雜貨主要選擇與複合植栽主題相呼應的物品，或與藍灰色木板牆顏色相近的品項。「最喜歡花草了！」瀨山這樣說。不選擇具衝擊性的物品是因為覺得雜貨終究還是庭園的配角，以「不造作」的概念使用雜貨，成為引出當季複合盆栽魅力的關鍵所在。

為了凸顯複合植栽
在擺設場所上下足功夫

從包圍庭園的木板牆到汲水區，全部由瀨山親自動手完成。汲水區從上到下，為了擺放複合植栽與雜貨裝設許多展示架，展現立體感。

通往後院的門。以優雅線條的鍋架擺設迷你盆栽，讓庭園面貌更豐富。

將大小花器並列
呈現強烈的視覺效果

放置素瓷大花器與自行上漆、獨具風味花盆的角落。在架上也裝飾著小花盆，巧妙的活化牆面視覺。

右／在牆板上設置裝飾架，作出仿壁龕的空間以擺設盆栽。鐵製支架與盆栽上的花插提昇懷舊氛圍。左／在種植羊耳石蠶的盆栽上，放置頂端刻有百合徽章的盆栽罩。鐵的質感襯托銀葉的柔軟。

以白花為主的複合盆栽
沉穩色調的牆壁更顯醒目

混和橄欖綠與藍色所調製出的藍灰色沉穩牆壁。以白花及斑紋葉片為主軸的複合盆栽增添清爽與明亮的氣氛。

被藤蔓植物覆蓋，綠意盎然的汲水區角落。將香菫菜和三色菫等顏色鮮豔的花朵種植於各種形狀的花器內，增添華麗感。

放置於花園椅扶手上的小鳥裝飾。植物幾乎要覆蓋住椅子般茂密生長，成為與庭園合而為一的畫面。

從枝葉縫隙間窺見雜貨是森林風庭園的重點

兵庫縣／達家彰子

達家的庭園分布著大株玫瑰及樟樹等具有分量的樹木，茂盛的綠色植物包覆住細長的L型空間，庭園彷彿變身成綠色隧道。在恣意生長的枝葉與草地空隙間，重點式擺放雜貨及花園家具，試著呈現自然又別緻的風格，並依據葉片的大小與生長狀況來分配「展示」和「隱藏」，高明的陳列布置。藉由以枝葉自然隱藏的方式，創造雜貨、家具與植栽間的關聯，森林般的庭園內隨處嵌入自然又巧妙的裝飾布置。在白與紫等花色間添加彩色葉子或斑紋葉片，調和平衡感與色調是其訣竅。

配合植物生長而改變的庭園樣貌，為了一整年都能享受庭園視野而在布置組合上花費心思。

Point

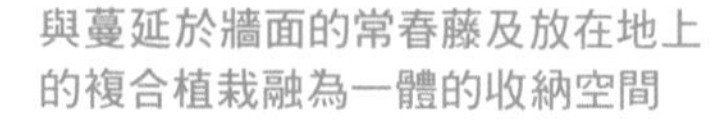

與蔓延於牆面的常春藤及放在地上的複合植栽融為一體的收納空間

進入庭園立刻看到收納空間。除了放置庫存的土壤及肥料外，手作平檯以鉛等雜貨裝飾，有意識地加以布置展示。

像尤佳利這般纖細的枝葉是賦予空間變化性的重要道具。以頗具風格的雜貨收納角落為背景，更能襯托枝葉的水嫩感。

長椅旁配置綠色植物表現懷舊感

放置於庭園一角的長椅，背後的圍籬被裝上箱子作成展示架。以形狀迥異的葉子巧妙的隱藏長椅，並裝飾雜貨提昇氣氛。

在庭園中央放置鐵製桌椅，打造在綠蔭下被植物包圍的療癒空間。蒼翠茂密的樹木環繞，提供一個私密的個人場所。

將木板釘在涼亭的柱子上當作架子使用，並放置陶器或空罐等花器，在融入四周景色上花了一番心思。

漆成淺綠色的倉庫成為可映照植物與雜貨的特點

倉庫小屋由達家的先生漆成淡綠色。可掛上展示架及吊牌，也能當作複合植栽的背景，襯托庭園擺設布置。

與喜愛的庭園雜貨相遇

只需在庭園放置一個雜貨就能夠扭轉空間印象。
在此介紹可以找到優質雜貨的店家，
並將其分為法式風、簡單自然風、優雅風和復古風四類。

French Style

成熟可愛的法式風格

大量擺放法式雜貨，
推薦給想要布置充滿時尚感庭園的你。

上／將物品陳列於狹窄處的明亮店內。右下／法國購入的磁磚及陶瓷等打造庭園不可或缺的物件應有盡有，在此隨處皆是雜貨與植物搭配的展示。左下／籃子、澆花器及藤編圍籬等庭園雜貨相當豐富。

ブロカント
BROCANTE

備有可為庭園增添個性的法式骨董

悄然佇立於安靜住宅區內的骨董店。每個角落都依照不同主題作擺設，雜貨幾乎都是由老闆松田購自法國。以花器、水桶、澆花器等實用工具為主，也擺放庭園家具等物品。「彷彿隨著腳步前進就會有新的發現」，除了讓人有這樣的想法之外，時常改變的陳列品味絕佳，可用來當作雜貨使用的參考。

Data

住 東京都目區自由之丘3-7-7
營 13:00～18:00
休 週三及每月第一個週四
http://brocante-jp.biz/

擺設建議

利用植物的高低差異及流線感，創造具動感的擺設

組合高矮不同的雜貨和植物，保持空間的變化性吧！垂枝植物是可輕易創造動感的好用道具。

テンダーカドル

Tender Cuddle

在猶如法國別墅般的店面 陳設嚴選骨董

被多花素馨與常春藤包圍的獨棟店家。通過被花朵圍繞、有著木頭地板的中庭，眼前豁然開朗，出現布置得宛如客廳般的空間，所擺設的商品全部皆由店主購自法國。不論是複合盆栽使用的花器、便於園藝工作的籃子或適合插入一朵花的銀製餐具等都擺設得很美麗。將當季植物作為重點素材納入中庭或店內布置的參考，讓庭園陳列的想像無限延伸。

店內除了雜貨，也有許多購自法國的家具和餐具。

上／被盆栽及屋頂延伸進來的藤蔓植物包圍的店面。右下／金色邊框很醒目的大鏡子，放在庭園裡營造質感。左下／在宛如客廳般明亮的店內，可以找到庭園使用的物件。

Data

住 東京都狛江市中和泉2-11-8
營 11:00～17:00
休 週一、 週三、 週六
http://hwm6.spaaqs.ne.jp/tendercuddle/

擺設建議

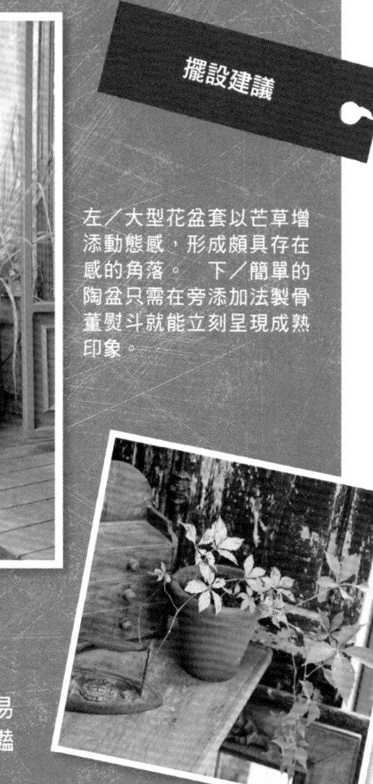

左／大型花盆套以芒草增添動態感，形成頗具存在感的角落。 下／簡單的陶盆只需在旁添加法製骨董熨斗就能立刻呈現成熟印象。

以綠色植栽為典雅的角落增添色彩

典雅骨董風格為主的角落容易淪為過於陰暗的氛圍。以鮮豔的綠色增加明朗氣息吧！

アンティークス ミディ

Antiques *Midi

以設計細膩的雜貨
演繹時尚空間

店裡隨處放置著店主從法國等地購入的雜貨。由於配色都相當沉穩，並不會喧賓奪主，能輕易融入庭園。此處也販售能用來當作庭園背景的門窗及庭園家具等構件、設施，可於本店一次性購入整套庭園用品，或單獨購買零件，推薦本店給想要以手作方式完成庭園的人。以絕佳的品味從陳列於角落的商品中選擇自己喜歡的物件吧！

右上／設計簡單的鳥籠除了可以在裡面擺設盆栽外，也能讓藤蔓植物攀爬，創造各種用途。右下／擁有優雅裝飾讓人印象深刻的門扉，誠摯地邀請您進入風情絕佳的店內。左／別緻的拉門及窗格是打造庭園角落的好幫手。

Data

住 大阪府箕面市船場東1-9-6 3F
營 12:00～19:00
休 週四
http://www.antiques-midi.com

フラワー ノリタケ

Flower Noritake

販賣高質感的商品
打造城市綠洲的一隅

位於熱鬧街道上大樓入口處，被覆蓋於綠色植物之下的花店。從入口進到店內，一樓是擺放著堅持品質的鮮花及盆花的花店。位於同棟大樓七樓的雜貨店則販賣深具質感的骨董雜貨，可作為與植物搭配的參考。

Data

住 愛知縣名古屋市東區東桜1-10-3
營 9:00～20:00 休 週日、國定假日
http://www.flower-noritake.com/

フォヤージュ

feuillage

適合當季花草的
雜貨搭配提案

讓人誤以為是法國別墅，充滿沉穩氣氛的花店。不論是庭園雜貨還是花盆，在此販賣價格實惠的骨董。店裡以切花為主，販賣鮮花與花圈，店外則陳列花苗。將當季花朵盡情組合搭配，優雅地裝飾吧！

Data

住 広島縣広島市中區白島中町2-19
營 10:00～19:00（週日、國定假日～18:00）
休 週四
http://feuillage.jp

右／陳列著花器與花圈的店內景致。左上／優雅花器內種植蝴蝶蘭，再放上空氣鳳梨增添蓬鬆感。左下／自然氣息的店面滿是花朵。除了庭園雜貨外，也有像是複合植栽等可以直接擺飾的商品。

LUSTHEQUE

可直接裝飾的綠色飾品，店內的當季課程大受歡迎

店內以簡樸質感為基調，擺放鐵、鐵絲、鋁等各式實用材質製成的雜貨，搭配植物擺設的骨董雜貨可以選擇整組購入。店外則擺放當季花苗，隨處放置的複合植栽亦可作為選擇花材時的參考。除了定期舉辦的切花教室外，春秋兩季也有複合植栽與花圈的課程。

Data

住 神奈川縣横浜市青葉區荏田北3-2-3-101
營 10:00～19:00
休 不定期公休
http://www.rustique.org/

コルレオーネ

CORLEONE

從雜貨到材料 可搭配一整套庭園素材

充分使用法國製骨董材料建構出獨棟別墅般的店鋪，店內陳列眾多商品，從材料到小雜貨無所不包。花架和澆花器等可愛的庭園雜貨種類也很豐富，其中最推薦的是與任何植物搭配性都很高的鋁製雜貨。

Data

住 三重縣志摩市阿児町立神3415-25
營 11:00～17:00（預約制）
休 週一、週二公休、另有夏季、冬季公休
http://www.corleone.ecnet.jp/

ソウゲン フローリスト エ ブロカント

sougen florist et brocante

集合各國骨董 也可以在增設的花店選購植物

商品擺放於狹窄空間內。彷彿閣樓般的店裡陳列著來自法國、北歐及日本等各國的骨董。店內並設有可選購花草的sougen florist，能在此找到適合搭配的老舊雜貨，展現別緻氛圍的花草組合，或許會發現自己沒有想到的靈感喔！

Data

住 京都府京都市左京區北白川上終町10-2
營 12:00～19:00 休 不定期公休
http://sowgen.com/

Simple Natural Style

享受簡單的天然風格

使用木、藤和鋁等以質樸素材為魅力的雜貨，
打造可讓心靈祥和的角落吧！

上／天然材質的籃子是自然風庭園不可或缺的品項，在此有各種形狀與大小。不論是種植複合植栽或擺放道具，使用的方式相當多元。右下／簡樸的「moss pot」是任何植物都可搭配的好用物件。左下／以鋁罐替代花器種植黃金葛，放上有蓋子的鋁罐及松果等營造高低差異，即使是小角落也要製造立體感。

グリーン ギャラリー ガーデンズ

green gallery GARDENS

備有豐富品項的大型店鋪與植物搭配組合，用以布置庭園

除了花苗、園藝用品和雜貨之外，也設有餐廳的大型園藝店。約1,000平方公尺的店面，除了花器、鐵絲小物、籃子等自然風格用品外，也備有品相豐富的質樸骨董商品。在依照商品風格陳列的區域內，有許多雜貨用法和與植物的搭配組合可供參考。若選好喜歡的品項，就以相稱的花草組合看看吧！

擺設建議

左／以提燈代替花盆套、玻璃容器當做迷你溫室使用。下／極簡的鋁杯除了可種植綠色植物外，植入小花也不會太過甜美。

以靈活的思考，將雜貨當做花盆套使用

不論是什麼樣的物品都可以種植植物。將雜貨替代花器植入綠色植物，試著磨練創意布置技巧吧！

Data

住 東京都八王子市松木15-3
營 10:00～20:00（餐廳平日為11：00～22：00，週六、週日與國定假日則為11：30～21：00最後點餐時間）
休 全年無休（餐廳僅週二～17：00最後點餐時段）
http://www.gg-gardens.com/

ライフタイム

LIFETIME

會想持續使用！
可購入嚴選園藝用品的商店

以實用型設計為主的雜貨店，會讓人有想要持續使用的動力，主要販售來自英國及歐洲各國園藝用品專賣店。簡約又充滿風格的店裡，不但有園藝用品，也加入了音樂、時尚等元素的商品。吊掛於牆面的「展示收納」等方法，不僅使人想要參考其技巧來進行庭園布置，也想直接在此入手時尚道具。

上／店內販售正統園藝工具及由國內創作者製作與園藝相關的服飾。右下／一樓店面外觀，二樓附設展示空間。左下／也開始販售以自創園藝品牌WORKS & LABO.所企劃的工具和商品。

Data

住 京都府京都市北區紫野上築山町21
營 11:00～19:00
休 週一～週四
http://lifetime-g.com

ジャンク&ラスティック カラーズ

Junk&Rustic Colors

備有豐富零件可供選擇
是喜愛DIY的人必訪店面

包含鋁、鐵、木頭等各種風情的庭園周邊商品，常備有2,000件以上的豐富品項。店內除花架、水桶等園藝用品外，也販售金屬零件、把手和托架等對建造庭園很有用的原創零件，是手作族絕對不可錯過的優質店家。

Data

住 神奈川縣川崎市高津區二子1-10-2
營 10:00～17:00 休 週三
http://www.shinko-colors.co.jp/ecc/

フロッグス テラ

FROG'S TERRA

可發現獨家商品的
園藝設計公司直營店

以介紹庭園工程FROG'S TERRA公司概念的展示中心兼店面，原創設計的葉型墊腳石是推薦商品。販賣擁有自然風格的素瓷花器及雜貨等國內外嚴選商品，為打造庭園增添無限可能！

Data

住 神奈川縣橫浜市青葉區美之丘2-6-4
營 13:00～19:00
休 週三
http://www.frogs-terra.co.jp

可感受高貴氛圍的優雅風格

在此介紹可購入賦予空間優雅高貴印象的
優質雜貨店家。

渋谷園藝

備有美麗設計的優質花器與各式原創商品

除了花苗、切花與觀葉植物之外，也販售雜貨及園藝用品等多樣化商品的綜合園藝店。店內有各種曲線優雅的原創鐵製商品及陶製花器可供參考，陳列的植物搭配也可成為選擇商品時的依據。此外，也有許多英國高級陶器whichford的商品，從經典款的素瓷設計到上釉的綠色、黃色等繽紛色彩花器，值得購入的品項相當豐富。

上／雜貨和植物裝飾時不可或缺的層架與花檯。具存在感的美麗設計，只需擺放一個即可給人高雅的印象。右下／「whichford」的品項齊全度是日本第一。左下／陳列自有品牌「OLIVE」的花車與花槽的區域。

擺設建議

左／船型的個性外表以具流動感的綠色加以點綴。下／活用大小花器的高低層次製造律動感，並插入分量滿點的花朵。

**以曲線曼妙的雜貨
演繹優雅的角落**

只要加入線條優美的鐵製商品，就能立刻提昇高雅度。種植垂枝植物和藤蔓植物也可增加空間的律動感。

Data

住 東京都練馬區豊玉中4-11-22
營 9:00～18:00（依據季節會有所調整）
休 元旦
http://www.shibuya-engei.co.jp/

The Dreaming Place Rose Garden Shop

包圍在玫瑰花香中，找尋英國花園雜貨

開設於店長夫婦盡全力栽培的廣大玫瑰庭園中，被2000株玫瑰包圍飄香的店面。店鋪由英國進口的古建材與骨董搭建而成。並有各式園藝發祥地英國常使用的園藝用品和骨董，是打造英式庭園的強力幫手。玫瑰的相關商品種類豐富，並可於附設的特有咖啡廳Garden Rose Tea享用咖啡。

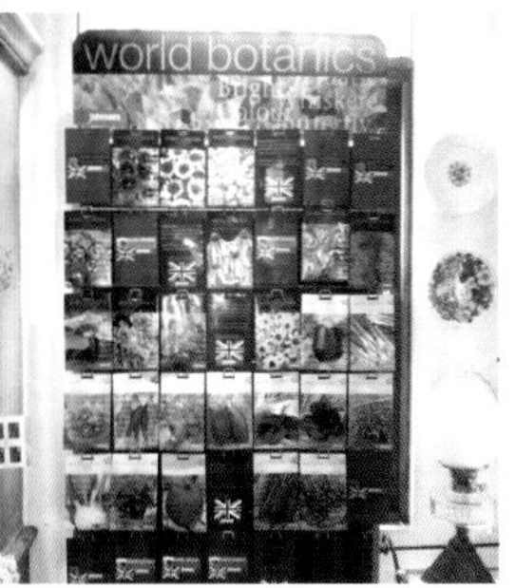

右上／會想長久使用，堅固且設計性卓越的園藝用品。左上／種有350個品種的玫瑰，面積5000坪大的花園。 右下／從英國進口的花朵和蔬菜種子種類豐富。左下／擺放可享受玫瑰香氣的生活雜貨及食品的區域。

Data

住 千葉縣君津市大野台815-85
營 10:00～17:00
（5～6月中旬從9:00～18:00）
休 週二、 週三及每年1～2月（5～6月中旬無公休）
http://www.dreaming-place-garden.com

Clare Home & Garden

彷彿來到英國鄉間 享受片刻安寧

建築於600坪寬廣腹地上，都鐸式外觀是其最大標誌。其所產生的溫暖氛圍撫癒人心。除了有英國Nutscene公司的陶器及Hawes公司的澆花器等英式庭園必備的雜貨，還有鉤子、把手等金屬零件和美麗裝飾的壁架等進口雜貨，可盡情享受挖掘寶物的樂趣。為了讓木製花園家具能夠長久使用，也販售天然素材的修補用蜜蠟及油脂。

右上／刺蝟造型的刷子可用來清潔長靴及用具，當作擺飾也很適合。左上／放置石像可增添古典氛圍。右下／各式大小的陶製支架裝飾。左下／可隨意於腹地內的庭園閒晃，尋找材料及雜貨搭配的靈感。

Data

住 東京都日野市日野本町7-10-6
營 10:00～18:00
休 週日、 週一
http://www.ruralcottage.net

日本橋三越本店 本館屋頂 Chelsea Garden

在都心找到庭園生活的綠洲

位於都心百貨公司屋頂上，為與展示花園，「都會風」陳列是它的特徵。使用吊掛技巧及設置拱門的角落隨處可見，在此可以體驗即使在有限空間內也能盡情享受花草之美。販售的商品不論是當季植物、材料或雜貨皆以品質勝出。也常舉辦備有多樣當季花朵品種的展售會及種植玫瑰的講座等活動。

右上／將拱型設計的建築融入屋頂庭園中，打造正統英式花園。 左上／溫室內擺放許多觀葉植物及多肉植物盆栽。 右下／販賣可愛包裝的外國種子。 左下／實用的庭園雜貨在設計及素材上皆是上上之選。

Data

住 東京都中央區日本橋室町1-4-1
營 10:00～19:00
休 年初※依照百貨公司休館日
http://www.mitsukoshi.co.jp/chelsea

Wonderdeco English Cottage

找尋優雅空間中不可或缺的石雕裝飾

彷彿位於悠閒英國鄉村的店面。光是擺設就能夠展現正統的庭園風格，厚重石像、花園材料和鐵製家具，應有盡有。非常推薦經過風雨侵蝕後更加凸顯味道，能賦予庭園深度的石頭及鐵製物品。

Data

住 神奈川縣橫浜市青葉區鉄町746
營 10:30～18:00
休 週三（國定假日則會營業）、年初年末、夏季有暫停營業期間
http://www.wonderdecor.co.jp

ハグ ホーム&ガーデン

HUG home&garden

展現優雅空間 販售英國雜貨的店

販售雜貨、花草、英國購入的小物和家具等英式花園風格的店家。店內有著各式各樣的室內家飾及園藝雜貨。散布著雜貨的庭園中設有咖啡廳，可以在放鬆的同時找尋布置的靈感。

Data

住 三重縣桑名市多度町多度2-22-5
營 10:00～17:00 休 週四
http://www.dct-jp.com/hug/

Junk Style

頗具質感的復古風格

油漆剝落及生鏽質感的雜貨與植物有著絕佳搭配性，
懷舊風格給人成熟印象。

上／頗具風情的迷你花盆及種植於盆中的多肉植物和仙人掌裝飾的角落，呈現復古氛圍。右下／將樸素的籃子與色彩鮮豔的罐子並排放置，再以庭園摘採的花朵加以裝飾的一隅。左下／格子裝飾架最適合以小物點綴。活用高度，在上層和中層放入會長長垂掛延伸的愛之蔓與椒草科植物。

Flora黑田園藝

以原創雜貨×植物打造熱鬧無比的空間

為了參考花器組合方式及與雜貨的配置，還有以公認的複合植栽為目標，許多從遠方而來的園藝家會拜訪的園藝店。除了花苗之外，也備有充足的多肉植物及仙人掌。以工作人員加工的獨創雜貨及花草搭配組合所打造而成的展示空間內，有許多可以作為庭園造景參考用的點子。被當季花朵點綴的腹庭園也有許多品味非凡的可看之處。

Data

住 埼玉縣埼玉市中央區円阿弥1-3-9
營 9:00～18:30
休 全年無休
http://members3.jcom.home.ne.jp/flora/

擺設建議

將彩色雜貨點綴式地加入

即使是稍微花俏、用色大膽的雜貨，作成復古質感也會帶給人成熟的感覺。享受費心思在數量、大小及種植的植物等搭配組合的樂趣上吧！

上／上漆的鐵罐植入沉著氛圍的多肉植物。下／紅色鋁盒與鐵線蓮、黃色刷子、皇帝菊、藤蔓植物與玻璃瓶等，為植物與雜貨的用色設下規則，就可以簡單統合。

オールトゥモローズ パーティーズ

ALL TOMORROW'S PARTIES

右上／店內從地板到天花板滿是商品。似乎可以挖到寶物呢！右下／宛如車庫般的店門口。有無數雜貨堆到外面。左／利用灶的蓋子、老舊鷹架和輪子重新組成的迷你桌子，材料全部都是日本原產物。

咖啡廳的陳設可為雜貨用法帶來許多靈感

宛如車庫的店內，有許多店主精心收藏的各式顏色、材質和國籍的商品。雖然只有一個，但使用復古材質的原創商品非常受歡迎。由於備有色彩繽紛的磁磚、玻璃及零件，想要以DIY打造獨創庭園的你絕對不可以錯過。附設的店面兼咖啡廳正是以懷舊風格為主題的空間，充滿可供參考的布置擺設。

Data

住 神奈川縣相模原市中央區矢部1-6-13
營 12:00～21:00
休 週二
http://www.atptic.com/

K's GARDEN Caffee

可以在花園附設的店面購入喜愛的商品

位於Floral garden Yosami內英式庭園所附設的店家，主要販賣英國骨董及花園雜貨。帶有鏽蝕之美的原創設計鐵架等物件是只有在此才買得到的商品。園內所栽種的種苗很強韌，非常推薦。

Data

住 愛知縣刈谷市高須町石山2-1
營 9:00～17:00
休 週一（若遇國定假日則改休隔日）
http://garden-yosami.jp/

テン ティン ドアーズ

ten tin doors

豐富的原創商品
最大的魅力在於古老材質散發出的深刻質感

店內有著多樣古老材質與回收素材重新加工的商品，有許多商品都是原創設計。鋁及鐵製雜貨大多設計簡單，因此不論搭配什麼植物都適合。可以在此找到能當成花架的小桌子和椅子等用於庭園的美好雜貨。

Data

住 東京都町田市小川1-14-9
營 9:30～17:30
休 週六、週日、國定假日
http://www.tentindoors.com

上／把實際上有在使用的工具當成雜貨裝飾，可以呈現宛如車庫一般的氛圍。左上／門面上拼布般的組合式窗框讓人留下深刻印象。左下／即使是狹窄空間也可以參考的陳列方式。仙人掌與色彩繽紛的罐子相得益彰。

ワーク ショップ

WORK SHOP

可以挖掘到各種風格及來自各個國度的寶物

店內到處放置使用二手及古老材質製作的獨創家具，並陳列店主購自世界各國的雜貨。從可以用來種植複合植栽的琺瑯器皿、吊掛式水壺到掛勾、金屬零件等DIY商品，品項範圍相當多元。二手鋁罐和花器搭配多肉植物，將雜貨風格融入庭園中。不定期舉辦的多肉植物複合植栽製作等研討會活動相當受歡迎。

Data

住 大阪府吹田市千里山竹園1-19-8
營 10:00～18:00
休 週一
http://www.workshop2007.com

グリッター

GLTTER

享受骨董花園雜貨與植物間的組合搭配

販售老舊農具和鄉村雜貨，以可使用於庭園的骨董雜貨作為主力商品。從打造庭園角落的雜貨到迷你花器，商品種類多樣，並以可讓裝飾靈感源源不絕的方式陳列，走一趟就能在滿是商品的店內用尋寶的方式找尋喜愛的商品喔！

Data

住 愛知縣名古屋市中川區川前町154
營 10:00～19:00
休 週六、 週日
http://www.glitter-web.com/

Conutry雜貨 Ben

展示區域猶如擺設方式的大百科

以美式鄉村風格讓人感到溫暖的店內，陳列著鋁、琺瑯及玻璃等質樸氛圍的小物。店內的區塊，以骨董或鄉村等雜貨風格加以區分，在顏色的組合等技巧上都可提供參考而頗受好評。

Data

住 埼玉縣鶴之島市中新田363-1
營 10:00～17:00
休 週一
http://czben.com

綠庭美學 04
Green garden aesthetics

庭園・露臺・花臺・小栽盆植
打造輕園藝質感小日子

雜貨×植物の綠意角落設計BOOK

授　　權／MUSASHI BOOKS
譯　　者／周欣芃
發 行 人／詹慶和
總 編 輯／蔡麗玲
執行編輯／李佳穎
編　　輯／蔡毓玲・劉蕙寧・黃璟安・陳姿伶・李宛真
特約編輯／張慧萍
封面設計／陳麗娜
美術編輯／陳麗娜・周盈汝・韓欣恬
內頁排版／造極
出 版 者／噴泉文化館
發 行 者／悅智文化事業有限公司
郵政劃撥帳號／19452608
戶　　名／悅智文化事業有限公司
地　　址／新北市板橋區板新路206號3樓
電子信箱／elegant.books@msa.hinet.net
電　　話／(02)8952-4078
傳　　真／(02)8952-4084

2016年10月初版一刷　定價450元

經銷／高見文化行銷股份有限公司
地址／新北市樹林區佳園路二段70-1號
電話／0800-055-365　傳真／(02)2668-6220

國家圖書館出版品預行編目(CIP)資料

庭園.露臺.花臺.小栽盆植打造輕園藝質感小日子：雜貨x植物の綠意角落設計BOOK / MUSASHI BOOKS授權；周欣芃譯. -- 初版. -- 新北市：噴泉文化館出版：悅智文化發行, 2016.10
面；　公分. -- (綠庭美學；4)
ISBN 978-986-92999-8-5(平裝)

1. 園藝學 2. 栽培
435.11　　105018089

在庭園度過的時光，是滋潤心靈的重要過程。
因為唯有此時，能夠感受微風徐來，
以花草的香氣治癒身心，細細體會季節的流逝……
除了思考喜愛的花草組合，
不妨也試著挑戰手作小型園藝道具、仿舊家具
或設計裝飾喜歡的雜貨，妝點令人眼睛一亮的小空間，
打造一座能夠展現自我的花草雜貨庭園吧！

自然風庭園設計BOOK

設計人必讀！
花木 × 雜貨演繹空間氛圍

MUSASHI BOOKS ◎授權　定價：450 元

Simple Natural Style